平凡社新書
950

愛犬の日本史

柴犬はいつ狆(ちん)と呼ばれなくなったか

桐野作人
KIRINO SAKUJIN
吉門裕
YOSHIKADO YUTAKA

HEIBONSHA

愛犬の日本史●目次

桐野作人　［本編］一、二、六、八章　［コラム］一、七、八章　あとがき（愛犬たちの墓碑銘）
吉門　裕　まえがき（犬来たりなば）　［本編］三、四、五、七、九、十、十一、十二章
［コラム］二、三、四、五、六、九、十一章

まえがき　犬来たりなば

高野山には、犬を連れて行ける。

境内などを除いてとはいえ、愛犬家には嬉しい話だ。

開祖である弘法大師、すなわち空海は土地の猟師と犬によって、この地に導かれたと伝えられている。『今昔物語集』によると大小の黒犬二匹だが、現在は黒犬と白犬のコンビと言われることが多い。

空海はその猟師を高野御子大神の化身、そして犬たちを神の使いと考えたという。

彼には犬伝説が多く、唐あるいは天竺から連れ帰った犬を弔ったとされる墓が、徳島にも香川にもある。


　さらに高野山では昭和六十年代に、一匹の白犬が話題になった。紀州犬と柴犬のミックスと見られ、日々長い距離を参拝者と歩いていたそうだ。鐘の音を好む様子から「ゴン」

と呼ばれた彼は、今も慈尊院内の弘法大師像の傍らに、記念碑として姿を留めている。

　また、高野山の麓の九度山町には、関ヶ原の戦いで西軍についた咎で、真田昌幸とその息子信繁（幸村）が配流となっていた。昌幸は、この地で没する。

　その彼が自らの手で彫ったと伝わる木彫りの犬が、今も残っている。

　立ち耳で丸い目の愛くるしい犬は、あるいは昌幸の愛犬であったのかもしれない。

　そういえば、昌幸・信繁親子と、信繁の兄の信之が、関ヶ原を前にして袂を分かった名場面は「犬伏の別れ」であった。

　高野山ひとつ取っても、犬の存在は幾重にも興味深い。

　伝説の犬、史実の犬、歴史上の人物たちの愛犬。

　歴史の上で犬が、人にとっていかに身近で、しかも愛された存在であったかの証ではないだろうか。

　犬たちが愛された歴史を書きたい。連綿と続く、愛犬と、愛犬家の歴史を。古代から犬のエピソードはそこここにひっそり残っており、本書の各所で取り上げるが、がぜん彩り豊かになってくるのは「南蛮犬」、「唐犬」たちが渡来してきた近世からである。

　かなり早いところでは『蔭凉軒日録』という、京都相国寺の塔頭・鹿苑院で書かれた公用日記のなかに「天竺犬」なる記載がある。長享二年（一四八八）、細川政元が連れてきた犬という。梶島孝雄氏はこの犬と『親長卿記』文明十六年（一四八四）にある、細川家に来た「晴犬」が同一である可能性を指摘している。『親長卿記』ではひとこと「異体」と書かれているのみだが、『日録』の方はもう少し詳しい。

「黒毛。嘴細。尾多。足短。腹大」のその犬を、皆で打ち揃って見物したという。嘴とは犬の鼻や口元のことだ。黒くて鼻が長くて足が短くて腹がたっぷりしている。その描写から見て、ダックスフントではなかろうか。

　ダックスフントは、古代エジプトにまで遡れる犬種だ。

　室町武士の見たダックスフント！　そそられるではないか。

第一章　戦国・南蛮犬合戦

東郷家と薩州家の二十年戦争

犬の奪い合いから戦争が起こったといったら、そんなバカなと信じる人はいないだろう。ところが、史実は小説よりも奇なり。実際にあった話だから面白い。

時代は戦国の天文十六年（一五四七）頃のこと。場所は南九州の薩摩国。なかでも山北（現在の薩摩川内市以北）と呼ばれる北薩地方だった。この地域のうち、高城・薩摩両郡に渋谷党と呼ばれる豪族、肥薩国境に近い出水郡に薩州島津家（以下、薩州家と略す）が割拠していた。

渋谷党はもともと相模国高座郡渋谷荘（現・神奈川県大和市）にいた鎌倉御家人、渋谷光重の次男以下の息子たちが十三世紀半ばにはるばる薩摩国に下向してきた一族で、北薩の各地に根づいた。その地名を名字として、東郷・祁答院・鶴田・入来院・高城の五家が

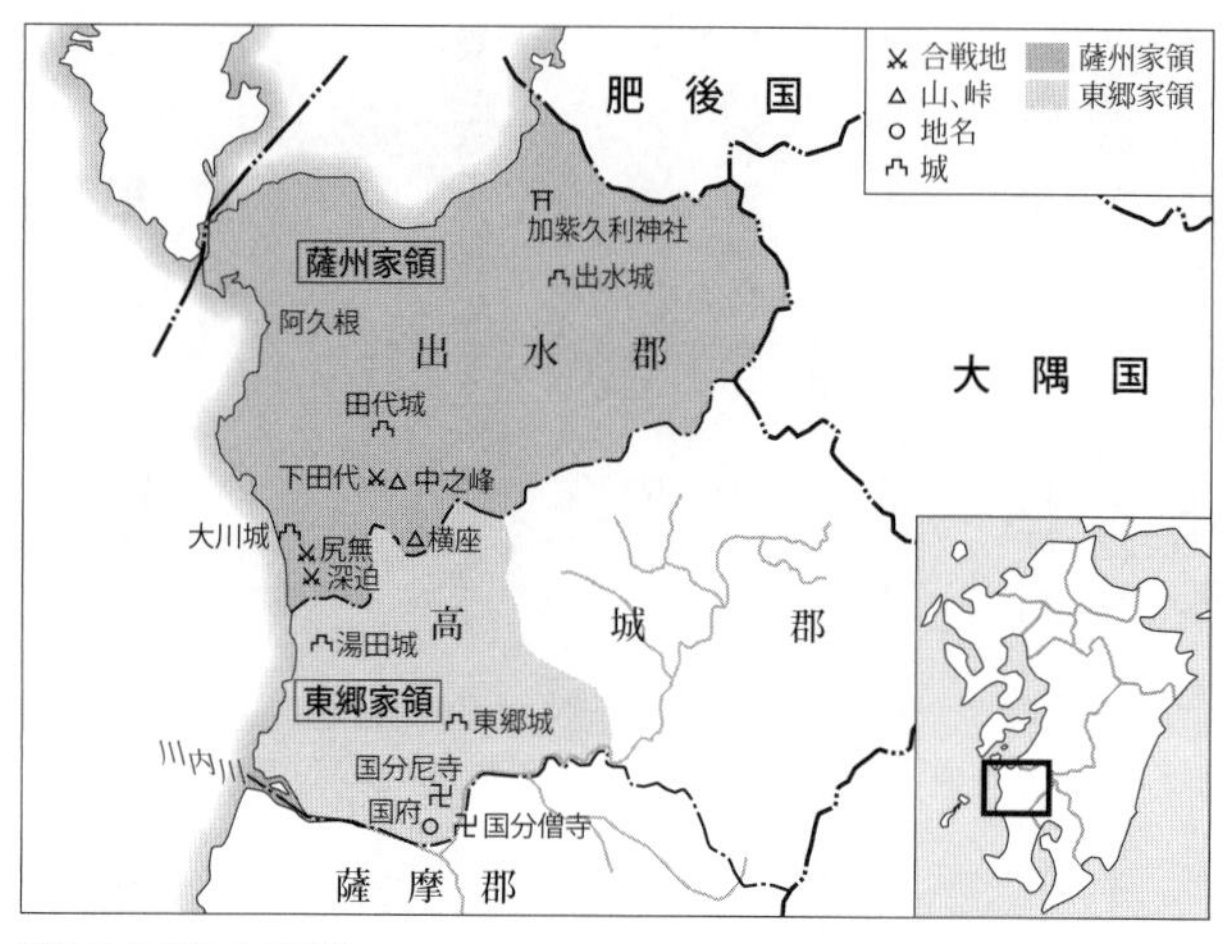

当時の北薩地方の地図

分立したため、渋谷五族とも呼ばれた。その惣領を自任していたのが光重次男実重の系統の東郷家である。同家は十五代重治の代に同族の高城家を吸収合併して川内川の北岸を領し、知行高は二万石あった。のちに日露戦争で有名になる東郷平八郎もその末裔である。

一方の薩州家は島津本宗家九代忠国の弟、用久から始まる有力な分家である。用久は兄・忠国を一度は逐って守護職に就いたほどの人物だった。現当主実久（五代目）は出水郡だけでなく、南薩の河辺郡なども領して衰退する本宗家を凌ぐ勢力を築いていた。そして天文四年（一五三五）には守護の島津勝久を追放して、自ら守護の地位に就いたこともあったほどの実力者だった。

もっとも、それから十年後、ライバルの相州島津家（相州家）の日新斎・貴久親子が台頭し、これに敗れて守護職を奪われ、南薩の領地も失った。それでも、まだ北薩に三万五千石を領していた。実久を制した相州家がのちに本宗家へと成り上がり、現在に至っている。

事件が起きたのは実久が相州家に敗れて出水郡に引きこもっていた頃だった。東郷、薩州の両家は境目を接していただけに、たびたび境界をめぐる紛争を起こしていたが、このとき、意外な理由から合戦が起きたのである。

阿久根から消えた犬

薩州家の家来に湯田兵庫という武士がいた。天文十六年（一五四七）、出水郡の阿久根（現・阿久根市）に住んでおり、「秘蔵の飼犬」をもっていた。犬種や色柄などは不明だが、近在でよほど評判の犬だったのだろう。それを聞きつけたのが東郷家の当主、大和守重治の家来だった。残念ながら氏名は不詳である。その某はひそかに阿久根に出かけると、兵庫の家から犬を盗み出してしまった。

それを知って激怒したのは兵庫である。すぐさま東郷に向かうや、某の家を探し当てて某を斬り殺し、犬を取り戻したのである。薩州家の島津義虎譜には「これより両家不和に罷り成り、永禄年中まで弐拾余年の間、境を争ひ、合戦これあり」とある（『本藩人物誌』）。

なんと、一頭の犬の奪い合いがきっかけで、遺恨を抱えた東郷家は薩州家に対して開戦し、それは最終的に二十年戦争になってしまうのである。両家は領地の境目で小競り合いを繰り返した。合戦の様子がわかる事例を紹介しよう（同右書、『東郷町郷土史』、『阿久根市誌』）。

犬の奪い合いがあった年、東郷勢は薩州領の奥深く侵入し、阿久根田代の支城を攻略しようと山上に陣した。薩州勢はある夜、ワラを打つ砧の音を響かせた。東郷方は薩州方が草鞋作りの真っ最中だと油断して警備を緩めた。すると、山下から突然一斉に野火が燃え上がってきた。動揺した東郷勢が逃げ惑うところへ、薩州勢が攻めかかったからたまらない。東郷方は多くの戦死者を出して敗走した。これを田代の戦いと呼ぶ。

翌天文十七年（一五四八）五月、東郷重治は捲土重来を期して再び阿久根に兵を進め、中之峰に陣取った。二十八日、重治は夜明けを待って戦うつもりでいたが、薩州家の若き当主島津義虎（実久の嫡男）の叔父忠兼がいち早く東郷勢の動きを察知し、先手を打った。前夜に兵を発して風上から火を放ちながら攻め寄せたため、東郷勢はまたもや利あらず敗北した。東郷勢の戦死者は七十三人に上った。中之峰の戦いという。

犬の所有者、戦死

弘治三年（一五五七）十一月七日、重治率いる東郷勢が今度は薩州領の阿久根に海岸部の大川方面から攻め込み、海岸部の尻無や深迫の両村で合戦になった。三度目の激突だった。大川の戦いと呼ばれる。薩州方の田代淡路や白男川因幡が奮戦して東郷方の肱岡左近や津田将監といった地頭クラスの大将を討ち取っている。薩州方も数十人の戦死者を出しながら、何とか東郷方を撃退している。

ところが、犬の所有者だった湯田兵庫はこの戦いで討ち死にしてしまった。その最期のさまは不明である。また犬の奪い合いから十年もたっていたから、その犬もすでに存命していなかったかもしれない。

事件の当事者が討ち死にしてしまったから、戦が終わったかというとそうではなかった。当時、東郷家は同族の祁答院、入来院の両家のほか、蒲生、菱刈といった反相州家連合に与していた。一方の薩州家は当主義虎がかつての宿敵、相州家当主の島津貴久と結んでいたから、この戦争は途中から犬の奪い合いの遺恨を超えて、相州家と反相州家両派の代理戦争的な様相を呈することになった。両派の抗争が長引いたのに伴い、東郷家と薩州家の抗争も長く継続したのである。

さらに永禄十一年（一五六八）六月、阿久根でまた合戦があり、薩州方は六十三人が戦死したため今度は敗北した。翌十二年八月にもまた両家は阿久根の深迫村で激突した。東郷方は家老の白浜重陳（しげのぶ）を始め八十三人が戦死して敗走している。これを深迫の戦いという。この一連の合戦の戦死者を埋葬したと伝わる場所に「大川千人塚」が建立されている。

度重なる戦争に倦（う）んだ薩州家の義虎は、この間、一度は軍僧の雪渓（せっけい）に命じて講和を図った。雪渓は和議が成功しなければ生きては帰らないと覚悟して東郷家に赴いたが、講和は不調に終わった。雪渓は弘治三年の大川の合戦で戦死を遂げている。

このように記録に残るだけでも五回の合戦があった。両家の戦争がようやく終結したのは元亀（げんき）元年（一五七〇）一月のことだった。湯田兵庫が愛犬を奪われてから二十三年もたっていた。東郷重尚は同族の入来院重嗣（しげつぐ）の勧めにより、島津本宗家の太守（たいしゅ）となった島津義久（貴久嫡男）に降伏し、押領した土地を返還した。義久はそれらの地を薩州家の義虎に与えた。義虎は太守義久の女婿になっていたことが有利に働いたといえよう。

火縄銃、大砲、南蛮犬

東郷、薩州両家の二十年戦争は湯田兵庫の「秘蔵の飼犬」が発端だったが、この犬はどんな犬だったのだろうか。東郷家の家来がわざわざ奪い取りに来たほどだから、よほど珍

「南蛮人来朝之図」（部分）
長崎歴史文化博物館蔵

『舶来鳥獣図誌』
阿蘭陀狩犬

しい犬だったに違いない。

この犬はありふれた和犬ではなく、いわゆる南蛮犬だったのではないだろうか。事件が起きた天文十六年（一五四七）前後には、同十二年（一五四三）にポルトガル人による種子島への鉄炮伝来があり、同十八年（一五四九）にはイエズス会宣教師のフランシスコ・ザビエルが鹿児島に上陸してキリスト教を伝えている。

当時、薩摩国は東アジアに開けた玄関口であり、琉球、中国（明国〈みんこく〉）だけでなく南蛮（東南アジア）との対外交易が盛んで、十六世紀になると、これにポルトガル勢力が加わった。同国では山川、坊津、市来、串木野、久見崎などとともに、東郷家の京泊や薩州家の阿久根が有力な貿易港として知られていた。貿易港といっても、当時の明国が海禁政策をとっていたため、その多くが密貿易だった。中国はこの密貿易に従事する者たちを倭寇と呼んだ。特に十六世紀のそれは後期倭寇と呼ばれた。倭寇には日本人だけでなく、朝鮮人、中国人、東南アジア人も含まれていた。火縄銃をもった二人のポルトガル人を種子島に運んできたのは、後期倭寇の首魁の一人として有名な王直（五峰とも）である。彼は中国人だった。

時代がずっと下って、戦後の昭和三十二年（一九五七）、阿久根の海岸の砂浜で小学五年生の男子が青銅製の大砲を発見し、これはのちに「阿久根砲」と呼ばれるようになった。最新の研究で、「阿久根砲」はわが国で唯一出土した外国製の大砲だという。そしてわが国に所蔵される最古の欧州砲でもある。調査の結果、ポルトガル製であることが判明した。

ポルトガルの大砲だとすれば、思いあたることがある。永禄四年（一五六一）、ポルトガル人の船長アフォンソ・ヴァズの貿易船が阿久根を根拠地にしていた。ヴァズは南薩の山川港に入ったところを、島津貴久方から大隅半島の敵対勢力だと誤認され、攻撃を受けて重傷を負った。彼は阿久根に日本人妻と二人の子どもがいたというから、阿久根を拠点にして東アジアの海を舞台に密貿易活動を行っていたと思われるが、その後、阿久根に戻ってから息を引き取った。彼のものと思われる「とっぽどん」と呼ばれる墓も残っている。「阿久根砲」がヴァズの船に積載してあったかどうかは不明だが、阿久根には倭寇船、中国船、南蛮船、ポルトガル船が頻繁に寄港している。これで明らかなように、阿久根は薩州家が支配する密貿易港だったのである。

　天正十六年（一五八八）、海外貿易の独占を図りたい豊臣政権が海賊禁止令を発布した。そのなかで、島津領から出航する海賊船を拿捕、禁止することを太守島津義久が石田三成などから厳命されている。これは島津家中でも半独立的な存在だった薩州家の密貿易に対する取り締まりを命じたものだった。しかし、薩州家（当主島津忠辰）は豊臣政権や義久の命令を無視し続けたほどだから、密貿易による利益は魅力的だったのだろう。

　そうした密貿易に伴い、南蛮犬がもたらされたのではないか。阿久根の東アジアに開けた立地や土地柄を考えると、湯田兵庫が秘蔵した犬は、ポルトガルなど海外から持ち込まれた南蛮犬だった可能性が高い。

　少し時代は下るが、現存する南蛮屏風にはヨーロッパ人が所有する南蛮犬が描かれている。

　英国人で英国東インド会社の貿易船隊司令官セーリスが慶長十八年（一六一三）に肥前平戸に来航した。彼はウィリアム・アダムズ（三浦按針）とも知り合い、大御所徳川家康や将軍秀忠にも謁見した。帰国するとき、ロンドンの東インド会社に送った手紙に平戸領主の松浦鎮信（まつらしげのぶ）親子への贈り物として、鷹狩り好きらしい子息（孫の隆信か）には鷹匠の道具のほか、マスチフ、ウォーター・スパニエル、グレイハウンドをそれぞれ一頭がよいと書いている（『セーリス日本渡航記』、谷口研語『犬の日本史』）。これらの猟犬がすでに輸入されていた可能性が高い。有能な猟犬であり、日本犬にはないその優美な姿かたちが犬好きには羨望の的だったのかもしれない。

上：マスチフ
中：ウォーター・スパニエル
下：グレイハウンド
『コンサイス科学 犬』（木村書房、昭和七年刊）より転載

コラム　太田三楽斎の軍用伝令犬

太田三楽斎（資正）という関東戦国史上で異彩を放つ武将がいた。

関東の名門（関東管領の家柄）である扇谷上杉氏の重臣で、武蔵国岩付城主（現・埼玉県さいたま市）でもあった。この頃は山内・扇谷の両上杉氏といった古い勢力が衰退しつつあった。代わって伊豆・相模を本拠とする北条氏が台頭、北関東へと攻勢を強めるという新旧の勢力交替の時期だった。しかし、三楽斎はあくまで北条氏と対決する道を選んだ。

三楽斎は多数の犬を飼っていた。「三楽犬」と呼ばれており、軍用犬として活用されていたというから面白い。この軍用犬のことを述べた二点の軍記物がある。内容が

落合芳幾「太平記拾遺」「四十六」「太田三楽齋」

微妙に違っているが紹介しよう。

　甲斐武田氏の軍記物として知られる『甲陽軍鑑』によれば、三楽斎は岩付城と松山城（現・埼玉県東松山市）という二つの城をもち、それぞれに五十匹ずつの犬を置いていたという。希代の犬好きだったためか、周囲の人間たちは三楽斎を「幼児のように犬を可愛がるとはうつけ者だ」と嘲っていたという。

　三楽斎が岩付城にいたとき、松山城に挙兵した一揆勢が押し寄せた。北条氏が後押ししており、北条氏康も出馬してくると噂されていた。それで、松山城から岩付城に援軍を求める使者を送ろうとしたが、通路が一揆勢に塞がれていた。四、五騎では突破できず、かといって、十騎も出せば、今度は城中の守りが薄くなる。いわんや飛脚では到底届けられない。

　そんななか、三楽斎がひそかに松山城の留守居の者に教えていたことがあった。それは、援軍を求める文を書き、竹筒を一束（握りこぶしほどの幅）に切って文を入れて包み、犬の首に結わえて十四放てというものだった。

　そのとおり実行してみると、わずかのうちに犬たちが岩付に到着したので、三楽斎は松山城への応援に駆けつけた。一揆勢はこんなに早く援軍が来られるはずがないと、三楽斎を「希代不思議の名人哉」と不審に思ったという。これ以降、松山で一揆が起ることはなかった。

一方、同じ軍記物でも『関八州古戦録』は少し内容が異なる。それによれば、永禄四年（一五六一）十二月上旬と、ちゃんと時期が書かれている。この頃、北条氏政、同氏照、同綱成など三万余の大軍が松山城に押し寄せた。ここから岩付は三十里（実際は約三〇キロ）離れているので、すぐには急を告げられない。三楽斎はかねてからそのことを憂慮して、日頃から飼っている逸物の犬五匹を松山に置いていた。そして白文（白色の顔料で書いた文字）で密書を作らせ、松山城にいた者がそれを右と同様の竹筒に入れて犬の首に結びつけて夜中に城外に出した。犬たちは北条方の陣所を縫って岩付に走り入った。

三楽斎がその連絡文を水に浸してみると文字が浮かび上がった。犬たちが到着するのにかかった時間はわずか一時（約二時間）だったという。

犬たちのお手柄だ、と言いたいところだが、なにせ北条勢は大軍である。しかも、主筋の扇谷上杉家や越後の上杉輝虎（謙信）に援軍を要請しても、とても間に合いそうもない。

という具合で、せっかく犬たちが働いて目的を達したのに、三楽斎は松山城への援軍が叶わなかったという不出来なオチになってしまった。

なお、この逸話がどこまで史実なのか不明だが、同年十二月ではなく八月に、北条氏康・氏政父子が松山城の近くまで攻め寄せているのは確かである。

第二章　誰もが欲しがる武将の南蛮犬

キリシタン大名から贈られた舶来の珍犬

上井覚兼（うわいかつけん）という武将がいる。戦国島津氏の全盛期、太守島津義久の老中（家老と似たような地位）を務め、日向（ひゅうが）宮崎城主となり、義久の末弟家久を補佐した人物である。彼を何より有名にしたのは、『上井覚兼日記』を残したことによる。天正（てんしょう）年間、同二年から同十四年（一五七四～八六）まで、島津氏が九州制覇に乗り出し、豊臣政権と対決するまでの内部事情（島津一門や家臣の動向、家中組織や意思決定の実態）が詳細に記されており、戦国島津氏研究の一級史料だとして高く評価されている。

その覚兼が南蛮犬を入手したことを日記に書いている。天正十一年（一五八三）十一月、島津勢三千人が島原半島に渡海した。西九州の大名龍造寺（りゅうぞうじ）隆信から圧迫される有馬晴信（肥前日野江（ひのえ）城主）を救援するためだった。隆信は「五州二島の太守」と称し、「肥前の熊」

の異名をとる強大な大名である。

だが、勝敗はあっけなくついた。翌十二年三月、隆信は六万とも二万五千ともいわれる大軍を率いていた。島津家久率いる島津方は有馬勢と合わせても五千ほどだった。両軍は沖田畷（おきたなわて）で激突した。島津勢は苦戦しながらも巧妙に戦った。龍造寺勢は戦場が低湿地だったため、兵数の有利を活かせなかった。そして乱戦のなかで総大将の隆信は討ち取られてしまったのである。

同年十月、晴信が島津方の本拠地がある肥後八代（やつしろ）に挨拶にやってきた。覚兼は前年に有馬氏救援に骨を折っており、沖田畷の合戦ののちも島原に渡海して龍造寺方への掃討戦に従軍していた。晴信は覚兼の尽力に感謝しており、お礼として南蛮犬を贈ったのである。覚兼も意外で珍しいプレゼントに驚いたことだろう。

南蛮犬は舶来の珍犬である。なぜ晴信が入手できたかといえば、キリシタン大名だったからである。晴信は同じキリシタン大名である豊後の大友宗麟、肥前の大村純忠（すみただ）（晴信の叔父）とともに、二年前、ローマに向けて天正遣欧少年使節（てんしょうけんおう）を送り出していたほどである。九州の大名たちがキリシタンになったのは、信仰だけでなく対外貿易の実利を得たいという動機もあった。当時、九州にはポルトガル船が頻繁に来航していた。彼らは優先的にキリシタン大名領の港に入って貿易を行った。この貿易を通じて晴信の南蛮犬も渡来したのだろう。

これより十年近く前、肥前平戸に大友宗麟への贈り物を載せてきた唐船が入港した。『大友興廃記』などによれば、それには虎の子ども四頭のほか、孔雀、鸚鵡、麝香（猫か）、そして象までいたほどである。イベリア勢力と交流があるキリシタン大名は海外から多種多数の動物を入手していることがわかる。晴信も宗麟と同様だったとみてよいだろう。

余談ながら、このとき、やはり晴信からだと思われるが、覚兼の同僚の島津忠長（義久の従弟）も白い野牛を贈られているようである。これもまた珍種だ。

凶と出たので飼えません

さて、覚兼が貰った南蛮犬はその後、どうなったのだろうか。覚兼も「寔に寔に珍物」という感想を抱いたとおり、その日のうちに多数の見物人が集まった。なかでも、八代に滞陣していた島津一門衆の薩州家義虎（義久の女婿）や図書頭忠長まで見物にやってきて、三人で南蛮犬を眺めながら深更まで酒宴を張ったという。南蛮犬は島津家中でその日のうちにすっかり人気者になっていた。

もっとも、覚兼は日記に「南蛮犬預かり候」と書いていることから、自分にではなく島津家に贈られたものだと思っていたようである。そのためか、覚兼は南蛮犬を自分のものにしないで、しばらくして鹿児島に出向いたとき、太守義久に献上した。

義久も大変喜んでくれた。ところが、その夜のうちに義久の態度が一変する。義久が南蛮犬を殿中に置いていてもよいかどうか側近の阿多忠辰（あたただとき）に卜占（ぼくせん）させたところ、「宜しからず候」という卦（け）が出たからという理由で、覚兼が飼うようにと返されてしまったのである。義久も気に入って飼いたいと希望したけれど、卦が出た以上はと未練げだったという。

なぜ卜占の結果が重視されるのだろうか。戦国島津氏においては、先代の貴久（たかひさ）や当代の義久には鬮（くじ）取りや呪術の慣行があり、合戦の方針決定や日時・方角などの吉凶を占う縁起かつぎに多用してきた。とりわけ義久にはその事例が多い。

貴久の代から島津氏は南蛮などイベリア勢力との交流が増えてきた。有名なのはイエズス会の宣教師フランシスコ・ザビエルの来日である。だが、異教徒との接触は領内に波紋を広げた。特に仏教勢力の反発が強かった。

例えば、ザビエルの来日から三十年後、太守義久は一度断念していた南蛮貿易を再開するためイエズス会と交渉しようとして宣教師のアルメイダを招いた。そして領内での布教を認め、城下に教会の建設まで許したのである。

ところが、アルメイダへの優遇に家中の仏教勢力が猛反発した。このとき、アルメイダに格別の好意を示して、義久との会見を取り次いだ近習（きんじゅ）の野村是綱（これつな）という若い武士がいた。

仏教勢力の憎悪は是綱に向けられ、ついにその自宅に侵入した刺客によって暗殺されてしまった。これには義久もさすがに激怒し、逃亡した下手人を捕らえようとした。あとでわかったことだが、下手人を唆したのは義久の老中だったから驚きである。

さらに南蛮犬を贈られる前年の天正十一年（一五八三）三月、義久は持病の虫気（腹部の疾患）で苦しんでいた。すると、周囲の仏教勢力が義久に告げた。

「南蛮僧が役所（会堂や教会）を賜っていることに世間の評判が悪うございます。特に今度のお虫気については、このような異教徒の者が当所にいるから、南蛮僧と諸神（国内の神仏）との折り合いが悪く、お病に障りがあるとのお告げがありました。不吉な南蛮僧は島原の有馬の所に立ち退かせた方がよろしいと存じます」

義久は虫気で弱っていたせいか、いかにも取って付けたような讒言をつい聞き入れてしまい、アルメイダに退去勧告を出した。アルメイダは仕方なく有馬晴信のもとに去って行ったという出来事もあったほどである。だから、南蛮僧を近づけるのも不吉なら、南蛮犬を飼うのも同様だという理屈がまかり通ったのだろう。

「その犬が欲しい」、秀長に望まれて

結局、覚兼が飼うことになった南蛮犬だが、まだ一波乱あった。それももっと大きな勢

力からである。天正十五年（一五八七）、島津氏は豊臣政権という巨大な敵と対決した。豊臣秀吉は二十万の大軍で九州に攻め込み、二手に分かれて南下した。西九州方面は秀吉が十万で、東九州は弟の秀長(ひでなが)率いる十万である。

結局、島津方は占領していた大友氏の豊後を放棄し、日向高城(たかじょう)で豊臣軍に決戦を挑んだものの、敗北を喫してしまった。覚兼は宮崎城主だったが、領地を失ってしまう。

「見物衆が多く来た」との『上井覚兼日記』の記述から、体長１ｍのスパニッシュ・マスチフとも推測される。マサキコレクション提供

島津氏の降伏を受け容れた秀長は豊後経由で帰国しようとしていた。そのとき、側近二人から覚兼に書状が届いた。

「唐犬をご所持と伺っております。秀長が申し請けたいと申しています。ご秘蔵でしょうが、届けていただければ喜ばしいです。（中略）返す返すも唐犬が届けられればよろしいと存じます。唐犬は又七郎殿までお届けいただいて、秀長が豊後に逗留しているうちに届くことが重要です。なお、白い唐犬のことです」

唐犬はむろん、覚兼が飼っている南蛮犬である。又七郎は太守義久の末弟で猛将で知られた家久の遺児豊久のことで、家久の旧領日向佐土原（さどわら）を秀吉から安堵されていた。豊久は若年だったので秀長が後見役になっていた。秀長の側近たちは豊久を通じて南蛮犬を送り届けてくれるよう指示したのである。

　天下人秀吉の実弟からの所望を、果たして覚兼が断れたのだろうか。おそらくその命に従わざるを得なかったのではないだろうか。

　覚兼は秀吉への敗北で所領も失ったせいか、二年後、失意のうちに他界している。南蛮犬がその後どのような運命をたどったのか、残念ながらわからない。

唐犬で大喧嘩——徳川家対島津家

　江戸時代初めの十七世紀前半は、まだ戦国の気風や余韻が濃厚に残っていた。そのなかで戦乱の時代に乗り遅れた若い旗本たちが覇気を持て余して、江戸市中で徒党を組んで暴れ回ったので旗本奴（やっこ）と呼ばれた。なかでも、旗本奴の水野十郎左衛門と町奴で侠客（きょうかく）の幡（ばん）随院（ずいいん）長兵衛が対決したことは有名で、歌舞伎の演目にもなった。

　長兵衛の弟分で、町奴の唐犬（とうけん）組を率いたことから唐犬権兵衛という名で知られた者がいた。異名の由来は唐犬二匹を撲殺したことだという。ということは、当時の江戸市中に唐犬（猟犬）が徘徊しているのも珍しくなかったのだろう。

また、旗本奴や町奴よりも格段に身分が高い人物が大名の家臣にこの唐犬をけしかけたことがある。徳川将軍家で家康の孫に当たる駿河大納言徳川忠長である。二代将軍秀忠の次男で、一時期、病弱な兄家光に代わって将軍世子候補にも擬せられた御曹子だ。

真田増誉が著した『明良洪範』によれば、おそらく江戸での出来事だと思われるが、忠長は外出するとき、唐犬を多数率いていくのが通例だったという。ある日、薩摩藩初代藩主島津家久の「野郎組」と呼ばれる家来たちが道の脇に控えていたところ、忠長の威勢に任せて、家来たちが戯れに唐犬をけしかけた。だが、唐犬は俊敏な猟犬だから、悪戯ではすまず、野郎組に飛び

錦朝楼芳虎「侠客本朝育之内　唐犬権兵衛」国立国会図書館蔵

かかっていった。彼らは立ち退きながらも恐れずに刀を抜いて対抗し、唐犬を斬り払った。なかには唐犬の鼻面を斬り割った者もいた。

将軍家御曹子お手飼いの唐犬に無礼を働いたというので、忠長方が奉行所に訴えた。とりわけ若くて血気に逸る忠長はわざわざ薩摩に使者を送って、唐犬を斬った者を差し出すように命じた。ところが、家久は取り合わずにこう返答した。

「唐犬は猪や鹿などを獲るために用いるもので、家久の家人にけしかけられる謂れはない。嚙みつかれたからにはどうして捨て置けましょうや。斬るのは当然のこと。自分たちの犬飼いを吟味もせずに、他人を出頭させよとは。犬の代わりには出せませせぬ」

その返答を聞いた忠長は激怒して「ぜひ家久の家来共を出頭させよ。家久があくまで意地を張るならば、江戸で憚りがあるというなら、参勤交代の途中にでも追討せよ」と息巻いた。それでも、家久は「もとより当家の家来に道理があるのだから、たとえ将軍家の御連枝(一門)といえども恐れることはない」と強硬だったので、両者は決裂し、私闘に発展しそうだった。

そこで幕閣の大老、土井利勝が仲裁に出てきて、家久をなだめ、忠長にも異見した。とくに家久には「唐犬をけしかけたのは忠長ではなくその家来たちである。然るに、将軍家御連枝へそのように言い募るのは如何なものか。昔も今も家来たちは災いのもと。忠長卿と和解されたいのなら、家久も穏便にしたほうがよいのに（将軍家）御連枝に対して対等の礼儀はいかがであろうか」と諭した。

利勝は、犬には咎（とが）はない。追い払えばよいだけだったのに、刀汚しに斬ったのは島津家の家来の誤りであり、犬を斬られた忠長が損をしたわけだから、家久が忠長に挨拶すべきだとして、忠長の屋敷に案内して一件落着したという。

唐犬がきっかけで、徳川将軍家と外様大名の雄、島津家が一触即発になったという顚末である。忠長が唐犬を多数飼っていたというのは、やはり唐犬が貴人の貴人たる表象でもあったのだろう。

コラム　その犬、白き毛皮を光らせ

日本史上、とにかく伝説めいた犬、神がかった犬は白犬と相場が決まっている。それほど「白い犬」というのはキラーワードである。

青梅（おうめ）市にある武蔵御嶽（むさしみたけ）神社の祭神「大口真神（おおくちのまがみ）」は、ニホンオオカミの神格化である。

『日本書紀』にはヤマトタケル東征の際、ここで白い鹿に姿を変えた山の神に行く手を阻まれたとある。危機は脱したが道を失った一行の前に白い狗（いぬ）が姿を現し、正しい道へと導いてくれた。ヤマトタケルはこの白狗に、神としてこの地に留まるよう伝えたのだった。

武蔵御嶽神社の狛犬は、よって唐獅子の阿吽ではなく、ヤマイヌの姿である。天保ごろから「盗難除け」「魔除け」として人気があった御札も「おいぬ様」だ。現在は、愛犬の健康を祈る参拝者が増え、愛犬祈願も行っている。

日本史にはこれ以降、そこかしこに「白い犬」が登場する。

まず、『今昔物語集』の「犬頭糸」からご紹介しよう。

夫から見捨てられた妻の愛犬が、手元に残った最後の蚕をパクリと食べてしまい、悲しむ妻の前で犬の鼻から二筋の白糸が！　たぐると山のように極上の糸が出るわ出るわ、糸の山が積み重なった頃、力尽きた犬は死んでしまった。これはまさしく神のなせる業で、こんな犬を飼う妻を顧みなかったことを悔やみ夫は戻ってくるし、糸は帝の衣に使われるほど高く評価されるしで、妻は一発逆転を成し遂げたのである。その地方の白糸は「犬頭糸」と呼ばれ、今も「犬頭神社」が残る。

鼻から絹糸を出す「犬頭糸」の犬『今昔物語集』

愛知県豊川市の伝承である。

これらは「人ならぬもの」が犬となって現れた神霊的な存在だ。対して「愛犬」として伝わる白犬たちもいる。応神天皇の愛犬「麻奈志漏（ましろ）」は、猪と闘って落命した。帝は墓をつくって弔（とむら）ったと『風土記』に残る。

また、蘇我入鹿と共に戦った枚夫（ひらふ）は愛犬たちに救われた。刺客は白犬と黒犬に嚙み殺された。墓や犬塚、犬寺などが伝えられている。

藤原道長を呪いから救ったのも白犬である（彼にはとかくこういう逸話が多い）。『宇治拾遺物語』によれば、愛犬が道長の袖を引いて警告したので安倍晴明に占わせてみると、果たして呪いがかけられていたという。この逸話のしめくくりは「道長はその後、愛犬をなおのこと可愛がった」となっており、愛犬家には読後感がいい。

「御堂関白殿の犬」『宇治拾遺物語』

落語の『元犬』は「白い犬は白ければ白いほど人間に近い」という俗説をもとにつくられた噺である。「色のついた差し毛一筋もない」シロは、信心をすれば来世では人間になれるかもしれぬぞ、と言われ、いっそすぐ人間になりてぇとお百度を踏んで満願成就の日に人間になった。四郎と名乗って人として生きてみるが、案の定、いろいろやらかして、それがくすぐりである。女中のお元さんを「お元はいぬか（いないか）？」と呼んだ主人の言葉を勘違いして「元はいぬでございましたが、今朝がた人間になりました」と答えてしまうのがオチ。これなど「ひょんなことから犬になった」という設定のソフトバンクCMのお父さん犬に通じるものがある。

なお、シロがお百度を踏んだ地は目黒不動というバージョンと、蔵前の八幡さまというバージョンがあり、これを受けて蔵前神社には元犬像が建てられている。平成二十二年に奉納されたもので、モデルとなったのは北海道犬の「ナナ」。野良猫のヒロを育てた犬として評判だったと言う。

蔵前神社の元犬像　筆者撮影

蔵前神社は元禄六年（一六九三）に徳川綱吉が石清水八幡宮を勧請したのが由来であ

る。

なぜ、これほど白い犬というのは日本人の心を捉えるのか。

古くから、白い動物は吉兆として寿がれ、現れると元号が改まることすらあった。色素欠乏の一種である白蛇など、どこか神聖なものとする感性が連綿とあったのかもしれない。

白い犬のエピソードは枚挙にいとまがなく、それは『もののけ姫』の犬神が白い犬であることや、「狗神」としてクライマックスで物語のキーを握った、漫画『銀魂』の宇宙生物「定春」（眉が勾玉シェイプ）に至るまで、引き継がれている。

第三章　江戸の世に犬栄え

ある愛犬大名の肖像

九度山に幽閉され、木彫りの犬を遺して没した真田昌幸。しかし長男の信之の家系は、松代藩真田家として江戸時代を生き抜いた。

信之の正室・稲姫は、徳川家康の重臣・本多忠勝の娘である。その忠勝の曾孫に当たる小笠原家の市松姫は、福岡藩五十二万石の黒田光之に嫁いだ。

その光之の父・黒田忠之（ただゆき）から、本章を始めよう。軍師として名高い黒田官兵衛の曾孫に当たる。忠之の肖像画には、一頭の洋犬が共に描かれているのだ。

忠之は、黒田騒動で家臣に訴えられた大名だ。三大御家騒動のひとつに数えられてはいるものの、現在ではその顛末を具体的に知る人は少ないかもしれない。

そして、ここで取り上げる肖像画についても、詳しい制作背景などはわからない。忠之は衣冠束帯の正装で、太刀を傍らに置き、眼前に佇む白い小柄な犬を愛おしげに見つめている。犬もその主人を見上げている。そんな構図だ。

描いたのは狩野探幽（かのうたんゆう）、賛は沢庵宗彭（たくあんそうほう）。贅沢な布陣である。探幽が三十代から四十代に描いた画らしい。探幽と忠之は同い年なので、忠之は黒田騒動を乗り越えたあたりかと思われる。

「黒田忠之肖像」福岡市美術館蔵

白い小型犬の、ほっそりと引きしまった体軀は、犬種としてはイタリアン・グレイハウンドであろうか。

世界的にも貴重な一枚かもしれない。愛犬をこれみよがしに侍らせたり、貞淑や従順の象徴としての犬を抱いたりという構図は、西洋でもありがちだが、犬と見つめ合うような肖像は珍しい（あったらご一報いただきたい）。

ちなみに狩野探幽は、三毛猫を抱いた佐久間将監（しょうげん）像を描いたことでも知られる。将監は猫好き武将として昨今、注目されているが、あるいは探幽もまた、ペットに思い入れがあった画家なのかもしれない。忠之が愛犬家であったことは間違いないだろう。

だが彼に、犬に関するエピソードは残っていない。そこが逆に、絵に想像の余地を与えている。忠之の名前は忘れ去られても、この肖像画は思い返されるのではないだろうか。

なお、忠之は父の長政の代わりに大坂冬の陣に出陣したという。その後、島原の乱鎮圧の際に黒田藩として戦果を挙げた。そしてこの乱を最後に、世の中は泰平の時代に向かう。


忠之の愛犬がイタリアン・グレイハウンドであったとして、少し掘り下げてみよう。古代エジプト時代から続く犬種で、清教徒革命で斬首された英国王チャールズ一世などが愛玩した。

父親のジェームズ一世は徳川家康に国書を送り、日本との国交を披(ひら)いた人物である。国書を運んできたジョン・セーリスが「犬を貢物に」と推せんしたやりとりは、第一章にあるとおりである。

唐犬で悶着を起こした徳川忠長のように、派手に飾ったマスチフなどの大型犬を「犬曳(ひ)き」に曳かせて見せびらかす風習も生まれた。徳川家康も多数の南蛮犬を、狩猟のために飼っていたと言われている。

アンソニー・ヴァン・ダイクが描いたチャールズ1世の子どもたちとスパニエル

犬貿易

この頃のヨーロッパの王侯貴族たちには、なかなかの愛犬家が多かった。

前述のチャールズ一世とその家族の肖像画には、マスチフのような大型犬から、トイ・スパニエルといった小型犬まで、さまざまな犬が描き込まれている。

彼の祖母に当たるスコットランド女王メアリー・スチュアートも、スパニエル犬を愛好し、処刑台に上がるそのときまで、スカートの中に愛犬がまとわりついていたという。スパニエル、つまりスペイン犬は、フェリペ二世が妻のメアリー一世にプレゼントしたと言われている。スペイン王家を描いたベラスケスの絵にも犬が多い。

ちなみに、上井覚兼に犬をプレゼントした有馬晴信は、天正遣欧少年使節の派遣者のひとりである。少年たちがスペインで謁見したのが、フェリペ二世だった。

彼ら王侯貴族を熟知した、世界を股にかける商人たちが、日本にも積極的に犬を連れてきたであろうことは想像に難くない。戦国を脱した大名たちに、瞬く間に愛犬趣味が浸透した背景には、こうした仕掛けもあったように思われる。

もっとも、商人たちは船に犬や猫を乗せているものだ。日本人が目に留め、ねだったとしても不思議はない。日本以外でも、例えばオランダ東インド会社の船が、アジアからオランダにパグを持ち込んだ。メイフラワー号も犬を新大陸に運んでいる。

前述の松浦鎮信の愛犬「ボール（Balle）」は鎮信の没後、イギリス商館で飼われていたらしい。のちに、商館勤めの粗暴なコックが誤ってボールを殺してしまい、商館は恐る恐る孫の隆信に報告した。商館側は「先代なら我々一同、命はない」とまで思い詰めていたが、隆信は「よくあることだ」とあっさり許した。

ボールという名前であったところを見ると、飛ぶように走るとか弾丸とかいう意味で、ハウンドのような猟犬タイプではなかろうか。だとしたら南蛮図屏風にも描かれていた、当時流行のタイプだ。あるいは丸々とした小型犬か。

ちなみに隆信や弟の信辰(のぶとき)は、犬ではなく金魚などを商館にねだっている。そして信辰は貰った金魚のお返しとして「大きな黒い犬」を商館長に贈った。祖父ほどには犬に執着がなかったのか、もしくは殖えすぎて手元にたくさんいたものか。


その後、幕府はイギリスとの国交を閉ざした。オランダ商館は長崎の出島に移転し、平戸の南蛮貿易の繁栄は消える。

なお、福岡藩黒田家と佐賀藩鍋島家は、こののち幕末まで、交代で長崎の出島御番を務める。二家とも本書に顔を出すので、お心に留めておいていただきたい。

「キング・チャールズ・スパニエル」は、現代の「キャバリア」・キング・チャールズ・スパニエルに似た犬であった。ファン・ダイクやゲインズバラたちが肖像画に鮮明に描き込んだおかげで、今もその姿を偲ぶことができる。

チャールズ二世妃のキャサリンには、ポルトガル船によって「狆(ちん)」も届けられたと伝わる。だが、海外での狆の流行は幕末以降だ。キング・チャールズ・スパニエルのライバルとなったのはパグであった。名誉革命でオランダ総督からイギリス国王になったオラニエ公ウィリアム三世が、オレンジ色のリボンを巻いた大量のパグたちを、故国から持ち込んだと言われる。この時代の名画がカギとなり、近代以降、思わぬ展開を遂げる。

大名までもが「唐犬乱舞」

江戸時代の唐犬趣味は、現在、「流行・世相・風俗」という括りで語られることが多い。明暦の大火などを経て江戸城下は整備され、日本各地は航路で結ばれ、開墾も進み、物資と人が溢れていった。島原の乱の後、幕末まで大きな戦乱はなく、江戸時代は世界史上でも稀に見る泰平のときだ。

それでも江戸初期は戦国の気風が抜けず、前述の徳川忠長の話にでてくるように、旗本奴・町奴と呼ばれる「かぶき者」が町を闊歩していた。彼らのなかに、額の生え際を両側ともぐっと上まで剃りあげた一派がいた。M字型の額は、左右の鬢がまるで洋犬の垂れ耳のように見え、「唐犬額」と呼ばれた。「唐犬組」と称する集団もいたほどだ。

なかでも唐犬十右衛門は歌舞伎の市川団十郎初代の幼名・海老蔵の名付け親とも言われる。市川家の定紋「三升」も、初代の初舞台に十右衛門が贈った三つの升に因むという。

初代市川団十郎は荒事で鳴らしたアクション派で、侠客出身とも伝わる。唐犬組と付き合いがあってもおかしくはなかった。

珍しい「唐犬」ファッションもある。尾張徳川家の付家老(つけがろう)を代々務めた成瀬家は、所領一万石超えの、大名に準ずる存在だった。

ここの初代と二代目は、極めてユニークな革製の頭巾を兜のように被った名物男だった。この頭巾、まるでマスチフか何かのように見える、唐犬形の垂れ耳がついているのである。猫耳ならぬ、唐犬耳だ。二代目正虎に至っては、肖像画もこの頭巾姿である。

「成瀬正虎肖像」百林寺蔵

成瀬家が居城としたのが「犬山城」だったというのも出来すぎである。犬山城は、個人所有だった日本最後の城郭で、二〇〇〇年代まで成瀬家の所有だった。大正時代、犬山城に行くと「登郭記念」として、この唐犬耳頭巾姿の男性の写真をくれた。被っているのは当時当主だった成瀬正雄子爵である。
添えられた由緒書きによれば、この頭巾は文禄の役(えき)の際、武者揃えの場で祖先の正成(まさなり)が被っていたものという。その武者ぶりに豊臣秀吉は惚れ込み、正成の主である徳川家康に自分の家臣としたいので譲ってくれと再三頼み込んだが「二君に仕えるぐらいなら切腹する」と正成は泣いて拒んだ。

そういった由緒が伝えられているからには、この頭巾は「わが家の精神的家宝」だと正雄子爵は解説している。なお、頭巾は当時家臣だった近藤伊吉がつくったもので「物質としてはさして高価ではない」そうだ。

「今我輩は此家寶（かほう）唐犬頭巾を頭上に戴き更に深く當時を追懐して今日に處し志操を堅持し以て祖先の名聲（めいせい）を辱めざらん事を誓ふ」と述べる子爵は、メガネが知的な近代的風貌であり、それだけに唐犬頭巾姿はインパクト大である。犬山城は廃藩置県に際しての廃城処置で天守以外はほぼ取り壊され、しかも明治二十四年（一八九一）の濃尾地震で付櫓（つけやぐら）が損傷するなど被害が出ていたが、明治二十八年に成瀬家に譲渡された。正雄子爵が当主となったのはその後のことで、城の修復など背負うものが多かった。


もっと言えば、この子爵の結婚相手は、太田家から来た女性だった。

元祖・江戸城を築城した太田道灌の家系である。いまひとつ家系図がハッキリしないのだが、この同じ家系にいたらしいのが、第一章のコラムで取り上げた太田三楽斎だ。

さすが犬山城。さすが唐犬耳。深い「犬縁」を感じさせる成瀬家である。

「唐犬」という言葉は、修飾語でもあった。

当時、「唐犬結び」という女性の帯の結び方も流行している。結んだ両端をだらりと下げる形が唐犬の耳に似ていたためで、わざわざ帯の両端に重りを入れるなどしたという。菱川師宣（ひしかわもろのぶ）の代表作「見返り美人図」の帯が、この形とも言われる。よほど、垂れ耳の印象が強かったのだろう。

江戸初期の女性の帯は現在の男性用のように幅が狭く、前で簡単に結んでいたが、時代が進むにつれて後ろ結びで凝った形になっていく。婦人の髪型も、時代劇で見るような日本髪になるのはだいぶあとだ。

唐犬結びと言われる「見返り美人図」

のちに「丸髷（まるまげ）」と呼ばれるようになる勝山髷（かつやま）は、遊女「勝山」が流行らせたものと言われる。丹前風呂（たんぜんぶろ）の湯女（ゆな）（私娼）あがりで、捕まって吉原送りになり、さらに人気が沸騰。ある日、流行の派手などてら姿に木刀の大小を差して歩いていると、いきなりひとりのヤクザ者に髪の元結（もとゆい）を切り落とされた。勝山は動ぜず、簪でくるりと巻きあげ、再び外八文字で道中を続けたという。この髪型が発展し、シンプルな上品さが好まれ、武家女性までが取り入れた。

この引き立て役のヤクザ者が唐犬権兵衛であったと『甲子夜話』にある。時代的には合う。権兵衛本人も紅裏に絹の裾縁をとった着物姿の、美男の伊達男であったという。

取っ手が両側にちょこんと突き出た形から「唐犬釜」と呼ばれた型の茶器もあった。これらのほかにも、今は消えてしまった「唐犬」とつく言葉があったのではなかろうか。そして唐犬は、大名や俠客が飼う特殊な犬ではあったものの、次第に世間に浸透していったのだろう。去勢・避妊といった処置が当時はない。高価な犬として、特別に飼育されていたとしても、周囲の犬は放し飼いだった。結果的に唐犬のミックスが増えていってもおかしくない。井原西鶴の句にもある。

唐犬の　身の行く末は　野に住て

ちなみに長毛の犬には「むくいぬ」という呼称がちゃんとあった。短毛の唐犬だけでなく、むくむくした犬も一定数いたことがわかる。

『横浜賣物図会の内　唐犬』メトロポリタン美術館蔵

『頭書増補訓蒙圖彙大成（寛政元年）』国立国会図書館蔵

なお、唐犬を飼う風潮は、かぶき者一掃後も脈々と残っていたらしい。

東京の回向院に、町火消の「は組」の新吉が建てた唐犬「八」の墓があり、墓標の拓本から、マスチフに似た大型の洋犬であると判明している。銘は慶応二年（一八六六）だから、もう幕末だ。町火消といえば江戸の花形であったから、ハチは名物犬であったかもしれない。

江戸のお仕事犬たち

『徒然草』の吉田兼好は、「家を守る」番犬として犬を評価したが、犬のお役目はそれだけではない。たとえば第六章で後述する「鹿喰犬」のような猟犬である。
あの「神君伊賀越え」直前に徳川家康と別れ、残党狩りに遭った穴山信君（梅雪）が、山の民と呼ばれる狩猟民に出した「犬の安堵状（権利確認状）」が残っている。当時、「甲斐の虎」と呼ばれた甲斐犬を、狩猟民たちは財産と見做しており、それを安堵することで山の民を掌握する目的であったと言われている。

江戸時代の農村には害獣を駆除する「農具」として銃があった。武士が行うのは鷹狩りや巻狩りと呼ばれる「嗜み」としての狩りであり、生活の糧を獲る狩猟は農民のもの。その概念がドラスティックに転換したのは明治以降である。明治五年（一八七二）に狩猟免許「猟札」の発行も始まっている。

それまでの「猟師」については、『仮名手本忠臣蔵』で主君の刃傷事件のおりサボタージュしていたためにお家断絶後、武士仲間から落ちこぼれた早野勘平を思い起こしていただきたい。彼は嫁の実家の山村で、身すぎ世すぎに猟をして暮らす身となっていた。

着つゝなれて　犬もとがめぬ　裘（致郷）

天明期のこの句は、匂いが強い皮衣に猟犬も慣れ、吠えなくなったという意味だ。生活を共にする猟犬と猟師の関係が浮かぶ一句である。

対して武士の使う「鷹犬」は、お上に関わる場合は「御犬」と敬称で呼ばれた。『甲子夜話』によると松浦静山（せいざん）は鷹犬について、御番衆の伊丹氏から詳しく聞いた。曰く、おしなべて小柄で、白犬。両耳がぴんと立って、巻き尾のりりしいものが選ばれた。狩り場にあっては、犬曳きが強く曳いていないと飛び出してしまうほどいきりたち、解き放つと飛ぶが如く駆けて行くものが逸物とされた。みな首に鈴をつけていた。

なお、奥州では里の者も耕作の余暇に鷹狩りを行っていたらしい。月岡耕漁（こうぎょ）の「鷹狩附奥州地方バッタリの図」を見ると、なんと白っぽい長毛犬らしい犬が描かれている。

狩犬について古くは『日本書紀』に「捕鳥部萬（ととりべのよろず）」という、守屋大連（もりやおおむらじ）の臣についての記載がある。

名前から見て、狩猟の臣であろう。蘇我氏と物部氏の戦いで壮烈な戦死を遂げ、遺体は八つ裂きにされた。が、たちまち雷鳴が鳴り響き、人びとが惑う間に残された愛犬がその頭部を持ち去ってしまう。犬は、古い塚を掘って主人の頭を納め、自らはその傍らに伏して動かず、落命した。朝廷は一族に、彼らの墓をつくるのを許したそうである。

岸和田市天神山町（てんじんやまちょう）の住宅地のなかに彼らのものと伝わる古墳がある。犬と、その養育係の間柄が、あながち「お役目」だけでないのは言うまでもない。

『源氏物語』の「行幸」の参考にされたと指摘される、醍醐天皇の延長六年（九二八）の大原野行幸にて、「なにがしといひし犬飼」が、犬の前足を肩にかけた姿勢で桂川の瀬渡りをしたと『大鏡』にある。前に抱えて抱っこしたか、おんぶしたか。どちらにせよ大事な犬を溺れさせないよう、巧みに深い川を渡る様子に、帝までが感心した。

ちなみにこの行幸には、帝の同腹の弟である敦実親王が同行した。彼が持っていたと伝わるのが「坂上宝剣」である。すでに失われているが、坂上田村麻呂の遺品で、朝廷を守護するといわれ相伝されていた。この宝剣を醍醐天皇が持ちだしたとき、先端の「石突き」を失くしてしまったが、犬がくわえて持ってきてくれたという。

元祖・お使い犬の伝承もある。

虎ヶ鼻海岸にある「犬の堂」と呼ばれる地に、江戸初期の城主・永井尚長が建てた碑がある。「海岸寺住僧のお使いをしていた犬が没した後、僧が堂を建てたのが名の由来。諸説のうち、これが長じたる説である」とある。

確かに諸説あったようで、『耳嚢』には「犬が主人の病平癒を日々観音さまにお参りした」という説が載っており、烏丸光広の「はるばるといぬの堂より見渡せば　霞か舟の帆へかゝるなり」を引いている。

この狂歌にしても「犬堂海はるばるとながむれば　霞は舟の帆へかかるなり」という細川幽斎バージョンもある。貝原益軒は「戒岸寺の僧が犬を畜養す。犬死して為に堂を立てる」とシンプルに述べた。長く話題になった碑であることは間違いない。

ほかにも珍しい例で、水戸の八溝山中の「椎菌を作る處」で「椎菌に生る時」、食べてしまう猿を追い払う犬が四頭飼われていたそうだ。猿の気配を聞きつけると小屋から駆け付け追い払う。犬はすっかりお役目を心得、朝早くから待機した。もっとも勤務態度のよくない犬は交代させられたそうだ。

洋犬図あれこれ

品川区の仙台坂遺跡（旧伊達藩の下屋敷跡）から見つかった大型犬の骨から、伊達綱宗が唐犬を飼っていた可能性が指摘されている。シェパードクラスの大型犬という。

綱宗は政宗の孫で、伊達騒動によって壮年期に隠居させられ、長い余生を趣味に生きた。骨の形状から、柔らかい食餌で飼育されていたと分析された犬の骨は、埋葬も丁寧だった。お殿様の犬なら不思議はない。

もっとも伊達家の犬好きは、綱宗に始まったわけではなかったかもしれない。藩祖政宗が建立した瑞巌寺の五大堂には、十二支の彫刻が配してある。犬は、巻き尾の仔犬のような、日本犬らしい可愛らしい姿だ。だが、慶安三年（一六五〇）に伊達藩「手前絵師」の佐久間（狩野）玄徳が描き、奉納したという十二支額のうち現存する面に、白い垂れ耳の洋犬が描かれている。

玄徳は狩野探幽と五歳違いの同世代で、奉納は綱宗の家督相続前だ。

その後、伊達騒動は文楽と歌舞伎の題材となり、ある小型犬が登場した。それについては、また次章。

なお、武家屋敷からだけでなく、芝神明町の町屋敷遺跡からも、怪我の治療痕や、歯槽膿漏の痕跡が見られる大型犬の骨が発掘されている。歯槽膿漏ということは、柔らかいものを食べていたのだろう。町人にも愛好家がいたのだ。

白金御料地内の武家屋敷跡からは、副葬品として寛永通宝を添え埋葬された犬も見つかっている。

洋犬を描いた絵に関して言えば、江戸初期から流行した。

波多野等有の「洋犬図」は特に好まれた。ほっそりした猟犬型の犬である。同時期の長谷川派絵師が、ほぼ同じ構図で描いているほか、ずっと後代の酒井抱一に至るまで繰り返し模写された。犬絵のひとつの型であったと思われる。

面白い話も伝わっている。

静岡県の十九首塚（現・掛川市）は、その昔、平将門と、その家臣十八人の首を藤原秀郷が埋葬したと伝わる。二〇一七年の大河ドラマの主人公・井伊直虎の許婚であった井伊直親が、家臣と共に謀殺されたという伝承もある、謂れの多い地だ。

この掛川に、将門の霊を祀る小さな八幡宮があった。そこに将門所持と伝わる犬の絵が二幅奉納され、神主が秘蔵していた。これが寛永期に盗まれ、江戸で売り飛ばされたが、買った旗本が「この絵は掛川の八幡宮の什物である。返さねば一族郎党をとり殺す」と乱心して口走るようになったため絵は戻され、それ以来「将門の犬屛風」として名物となったというのだ。享和二年（一八〇二）の『遠江古蹟図会』に記された逸話だ。

波多野等有「洋犬図」（部分）滋賀県立琵琶湖文化館蔵

勅使・烏丸光広の奏上で、将門は朝敵にあらずと勅状が下りたとされているのが寛永期だ。将門について認知度が上がった頃であったかもしれない。ただ、著者がその絵を描き写しているのだが、まさしく「洋犬図」タイプの絵なのである。流派としては雪舟に見えたそうで「将門が討たれて八六五年。だが、この絵は三百年ほどしか経っていないのではないか」と、著者自身がツッコミを入れている。神主にズバリ尋ねてみたところ、おそらく将門の末裔が狛犬（こまいぬ）に見立てて描かせ、奉納したのだろう、将門が存命中に犬を愛したのを偲ぶ趣向かもしれない、と言われたそうだ。大人の対応である。

屏風の犬の一頭は黒い犬、一頭は白い犬で、どちらも首玉（鈴）をつけている。当時、猟犬の多くは首に鈴をつけていた。

引っ越し大名の狩り日記

黒田騒動、伊達騒動ときたら、お次は越後騒動である。名門松平家の殿様も、大いに犬を愛好していた。『松平大和守日記』の世界に入ってみよう。

二〇一九年に公開された映画『引っ越し大名！』のおかげで、松平大和守直矩（なおのり）は急激に名を知られるようになった。

徳川家康の次男で、結城家を継いだ結城秀康の家系である。秀康は男子に恵まれた。忠直、忠昌、直政、直基、直良と、五人の男子が無事成長し、藩主となって子を儲けた。彼らは見事なほどいとこ同士で結婚し、濃密な親戚付き合いを繰り広げた。姫路藩主直基の嫡男・直矩が育ったのは、そういう世界であった。

　直矩は幼くして藩主となったので、要衝である姫路藩十五万石から、越後の村上藩へと移された。その後、二十六歳で姫路に復帰、しかし越後騒動で閉門となって豊後日田七万石に減封。ほとぼりが冷めるにつれ、山形（三万石加増）、陸奥白河（五万石加増）と転封を繰り返し、「引っ越し大名」と呼ばれた。ちなみに父親の直基も越前勝山から大野、出羽山形、そして姫路と移った、けっこうな引っ越しぶりであった。

　この直矩が、万治二年（一六五九）からつけ続けた日記の写本が残っている。筆まめな書き手がまだだいた時代とはいえ、毎日のように詳細に、しかも十八歳から書き続けたというからすばらしい。読めば江戸でも国元の村上でも、若い直矩は元気いっぱいで、大名同士の社交や狩りや遊山にいそしんでいる。そのほか、吉良上野介の息子が上杉家を継いだことなど、諸家や市井についての貴重な史料となっている。

　彼の犬との付き合いは、まずは狩りのお伴としてであった。どうやら直接、犬に獲物を狙わせていたようだ。寛文二年（一六六二）五月の江戸滞在中に、早速、記事がある。

　申ノ刻、表門脇、腰懸にて蓬猫壱、犬にとらする。

蓬猫というのはキジ猫の、緑がかった色合いの個体を呼ぶ言い回しである。犬は、堀中三郎衛門という家臣が村上で育てた犬だという。

江戸でもこのありさまだから、国元の村上では狩りも本格的である。正月の狩りともなると、郡奉行も二人出動、総勢で千二百人を超える一大編成であった。これは武門の嗜みとして重要な行事でもあり、直矩は日記に、誰が何をいくつ獲ったかまで書き残した。

寛文四年の正月の記録には「一　狐　壱　白犬　二宮甚右衛門」という記述がある。二宮は、犬の育成を得意とした家臣であったらしく、寛文五年にも「二之宮甚右衛門仕入犬、事之外よきよし述之」とあるのが見える。

犬がらみの家臣に関する記述はほかにも「太田半右衛門所、白犬ノ子一疋もらう」「女犬ノ子一取寄、伊白丸ニ置、是者樋口四郎右衛門犬ノ子也。当夏、三郎右衛門所にて生也」「上川より廿犬一疋来留置、是ハ深藤久右衛門在廻之節目利ス」などなど。良い犬がいると聞けば取り寄せ、家臣たちも自ら持ち込むなどしていたと見える。廿犬というのがどんなものかは謎だ。伊白丸は村上の城に造らせた曲輪で、直矩は庭づくりにも積極的だった。家臣たちと「聞香（香合せ）」なども催している。

また、弥蔵や清蔵といった名の「犬曳き」もいた。

犬を専門に扱うお役目は古代からあった。奈良時代の長屋王（天智・天武天皇の孫）邸跡から見つかった木簡の中に「犬司（世話係か）」の少年二人への米支給票がある。仔犬を産んだ母犬も米の支給を受けている。犬も複数いたようで「若翁（王族子女か）犬」はペットの犬、「御馬屋犬」は番犬だろうか。犬の絵のついた皿も見つかっている。

そもそも「犬飼」「犬養」といった名字は、猟犬や番犬などを飼育したり調教したりする「犬養部」などの役職から生まれたと言われている。

他の日にも「青鹿」を狩りに大勢で出かけて行き、「唐犬取留之」「赤之犬取留之」などとある。そのうち「此鹿之時分、我犬ヲヒキ懸ル、少犬手負候ニ付、鑓ニてツキ犬ニ留サスル」とあるところを見ると、負傷した犬を庇い、人が槍で手傷を負わせ、赤犬に止めを刺させたらしい。この時の「赤犬」は、同じ個体かはわからないがたびたび活躍していて、優秀であったようだ。鹿を生け捕った際「家中の犬ども」にかけてみたが犬同士争ったり興味を示さなかったりと埒があかずに「赤犬」に止めを刺させたと書かれている。

「懸ル」というのは「けしかける」といったニュアンスだろうか。

犬に獲らせた獲物は、鶉や狸、狐、鼬などであった。その過程は実にワイルドで、狼を生け捕った際は、方々に見せて歩いたのち唐犬を含む「犬共ニ掛」見物した。生きたまま、犬に仕留めさせたのであろう。残った狼の頭だけは取り置いて、あとは百姓に下げ渡したという。生け捕った狸を貰い、庭で唐犬に与えたりもした。

松平家の犬づきあい

親戚との「犬付き合い」も、日記には多く登場する。

寛文二年(一六六二)の十月のこと。「信濃守殿より、唐犬之子壱疋来」。信濃守というのは、従兄の松江藩松平信濃守綱隆のことであろう。彼の父親は、大坂冬の陣の真田丸の攻防戦で初陣を飾った直政で、まだ健在であった。大勢の従兄弟たちのなか最も直矩と親しかったのは、おそらくこの綱隆である。当時の社交はそういうものであったのか、直矩は毎日、親戚を中心にまめに「見廻る」のだが、綱隆訪問はお義理でない様子が窺える。この年の六月には綱隆と、彼の母親の両方を訪れて「御両所に緩々と居」、信濃守邸では料理も振舞われ、そのあと二人で犬と馬を見物した。信濃守は犬友でもあったのだ。寛文四年にも綱隆邸で「緩々」して、唐犬と馬を見ている。

なお、この「唐犬之子」は、前日に下野（しもつけ）守邸で約束したという「男犬、虎ぶち」であった。下野守はこれまた従兄の、松平下野守綱賢のことであろう。越前福井藩の忠直の嫡男・光長の息である。綱賢の母親も、忠直姉妹の喜佐姫が毛利家で儲けた土佐姫だから、従兄妹同士の結婚で生まれた子だ。

翌月もまた、信濃守から「唐犬の子の女犬を貰った」という一報が届いた。これは先月に下野守邸で貰う手配をした犬の姉妹らしく、永井弥右衛門（旗本か）の差配だった旨も追記されている。翌日、直矩は永井に礼状を出した。

翌週も府中の与市左衛門という者から「唐犬」を一匹貰っている。その年の二月に生まれた男犬だった。永井からも「唐犬の女犬がまだいます」と文が届いた。だが翌日、昨日永井から貰った「十来犬」は「柄少く」返したと書かれていて、十来犬が何かを含めて、よく意味がわからない。

直矩の親戚付き合いは、松平家一党に限らない。

寛文四年の四月「牧村卜寿所より板倉隠岐守殿ニ貰（もらい）候旨ニ而（て）唐犬女也一疋越」。

牧村卜寿は、医者だろう。板倉隠岐守重常は、京都所司代で知られる板倉重宗と、唐犬頭巾の成瀬正虎の姉妹との間の子で、直矩の遠い親戚のひとりだ。

同年五月には、直矩は内藤家の奥向でも寛ぎ、家臣が貰ったという唐犬の子を見物している。そして、一匹貰うことにしたらしい。内藤家は姻戚に当たる。

翌々日には「右近殿」を見廻り、唐犬を見せてくれと頼み込み、男犬を自分のところの女犬と交換する約束をした。「右近殿」も信濃守綱隆の弟で、やはり直矩の従弟だ。

大名だけでなく、寛文六年九月には安藤治右衛門から唐犬の子を二匹貰っている。安藤は年代から見て、日本三大仇討ちのひとつと言われる「鍵屋の辻の決闘」において、河合又五郎を匿った人物かもしれない旗本である。この唐犬は黒虎の斑犬で、前月から約束してあったものだという。後日になってこの兄弟の赤犬も貰っていて、一緒に繋いでおくのが難しく、赤犬は先延ばしにしていたとあるので、やはり貴重な唐犬はきちんと繋いでいたものらしい。


このように、親戚を中心として、とにかくよく犬をやり取りしているのがわかる。

親戚付き合いのなかで犬は、差し障りもなく、楽しく、絶好の話題であったろう。

そして、これは直矩の青春時代の平和なひとときであった。延宝七年（一六七九）頃からは、越後騒動に右往左往する家中の様子で、日記は埋め尽くされるようになる。日記中に「越後守」として登場する伯父の松平光長は、主要当事者のひとりなのだ。なお、仲の良かった信濃守綱隆は、すでに亡くなってしまっていた。

直矩は、残された信濃守の弟・上野介近栄と相談を重ね、騒動の処理に奔走した。『土芥寇讎記』という大名評判記に「生得寛然として将之威自ら備り」と評された直矩は、決して能天気なだけの殿様ではなかったのだ。

越後騒動はいったん治まったかに見えたのち、代替わりした将軍綱吉の逆転の裁定によって覆った。延宝九年、直矩は連座して閉門処分となった。四十歳であった。


日記をたどると、直矩らは親戚同士、細やかに支え合っていたのがわかる。婚姻や出産は皆で寿ぎ、訃報には悲しみを綴った。

なかでも興味深いのは、寛文三年の二月の記述である。

佐竹右京大夫義処が今日は登城しなかった、これは彼の姉が国元で亡くなったためで、その上、彼女が産んだ「黒田犬万」も昨夜果ててしまったからである、というものだ。

犬万は、本章最初に登場した黒田忠之の弟で、跡目争いのライバルになった黒田長興の息子であった。長興の幼名も犬万である。直矩によれば、犬万は当時十歳、「きわめておとなしく、さいかくもとしころにすぐれ、其上生つき人にこへければ」父母の嘆きも思いやられる、他人であっても袖を絞るようだということだった。

そのくせ、直矩は当時流行った「此(この)ころのいかゐくろうたかいもなく　よにいぬまんとなるそかなしき」などという不謹慎な狂歌も書きつけていて、とにかく興味を引いたことは書かずにいられない性癖を覗かせているのだった。

ちなみに佐竹家は初代義宣が伊達政宗の従兄弟に当たるため、伊達家の親戚でもある。佐竹義処自身は直矩の伯父・直政の娘を室に迎えていた。直矩も直政の娘・駒姫と結婚したから、二人は相婿の関係なのである。駒姫は残念ながら寛文三年に亡くなってしまっていたが、意識としてずっと姻戚であり続けたのだろう。

直矩は小型犬にも興味津々だった。次章からは「狆」に視点を移してみよう。このユニークな小型犬に触れなければ、ニッポンのお犬は語れまい。

コラム 歌舞伎と犬――「傾(かぶく)唐犬(からいぬ)浮世(うきよに)歓迎(おおもて)」

唐犬権兵衛は自ら火盗改の中山勘解由(かげゆ)のもとに出頭した際、何故(なにゆえ)畜生の名を名乗るか問われ、将軍綱吉が館林藩主だった頃「右馬頭」だったのは何故でございますかと問い返したという。

こうした強いキャラクター性が、さまざまな設定を生んだ。例えば井原西鶴の処女作『好色一代男』の主人公・世之介は、江戸に来て権兵衛のもとに身を寄せたことになっている。天和二年（一六八二）に大坂と江戸で同時刊行されたのだから、なんと実在の権兵衛本人は、まだ江戸で生きていた（勘解由が火盗改になったのは翌年）。

このあと鬼勘解由の一大摘発で男伊達たちは壊滅に向かうが、幡随院（ばんずいいん）長兵衛が殺されてからすでに三十年以上たっていた。いかに彼らの時代が長かったかが窺える。

唐犬権兵衛の親分だった幡随院長兵衛が、やんちゃなイケメン白井権八に「お若えの、お待ちなせえ」と声をかける『御存（ごぞんじ）鈴ヶ森』の名場面は、鈴ヶ森刑場にある「南無妙法蓮華経」と彫った石塔の傍らが舞台である。このひげ題目の石塔は、本郷三丁目の谷口与右衛門が誤って野良犬を殺してしまい、磔（はりつけ）になったのを嘆いた母親が建てたものとされ、現存している。つまり「生類憐みの令」に関連する遺構なのだ。時代設定がはちゃめちゃだが、文政期の四代目鶴屋南北の作なのでツッコむのは野暮だろう。なお、白井権八は実在で、史実では平井権八。恋人の遊女・小紫との比翼塚が目黒不動にある。

目黒不動には和犬型狛犬（子連れ！）があり、狛犬マニアは要注目だ。

『伽羅先代萩』のぬいぐるみの狆や、『南総里見八犬伝』の着ぐるみの「八房」のように、劇中で活躍する犬たちだけでなく、歌舞伎座にも実は犬がいる。新歌舞伎座の二階に「犬（庭の一隅）」という小林古径の絵がかかっているのだ。

小林は明治生まれの日本画家で、昭和七年（一九三二）の作だ。描かれているのはトイマンチェスターと、やや長毛の大型犬の二頭。これは実は、トイマンチェスター好きで知られた、あの横山大観から貰った「丹」という犬で、一緒にいるのはサモエドのミックス犬「ジョキ」だそうである。明治元年生まれのバリバリの水戸藩士であった横山は、犬と酒を愛した。無二の親友は菱田春草だが、彼のほうは猫の絵で知られている。

庭に佇む犬たちは、東京大空襲を生き延び、建て替えを経てなお、今も歌舞伎ファンを静かに迎えている。

小林古径「犬（庭の一隅）」

第四章　あれも狆 これも狆 たぶん狆 きっと狆

狆は、犬と猫の「あいだ」

狆と聞いて、すぐ白黒長毛種の、あの小型犬を思い浮かべる方は多いだろう。

現代でも犬種別犬籍登録頭数では常に三〇位台をキープしていて、実はドーベルマンや秋田犬より登録数は多い。充分にポピュラーな犬種である。

「お犬さま」というビジュアルで時代劇でもお馴染みだが、江戸時代にはなんと、犬とは別モノとして認識されていた。犬と猫と狆は、別のカテゴリーの動物だったのである。

例えば黄表紙の大家である山東京伝の『唯心鬼打豆（ただこころおにうちまめ）』を見てみよう。駿河出身の主人公徳太郎が、浅草観音から授かった豆を食べて次々に動物の魂と入れ替わる。所謂（いわゆる）「豆男もの」なのだが、ここで彼は、狆とも犬ともそれぞれ入れ替わるのである。

徳太郎は狆を抱いた男と偶然行きあい、ふと入れ替わりたくなって豆を食べる。たちまち魂が狆と入れ替わるが、そのまま狆の貰い手の家に連れて行かれてしまった。

この狆は行儀がいいこと間違いなしですと太鼓判を押され、菓子を前に「預けたぞ、預けたぞ」と「お預け」をさせられ閉口するなど、なかなかに芸が細かい。

その後、「地犬」とも入れ替わった。これが当時の一般的な犬を指す呼び方だった。

大正期に発行された角川書店の『字源』には、狆は「犬と猫の中間に在る意」とあり、

男が狆に入れ替わる場面。山東京伝『唯心鬼打豆』国立国会図書館蔵

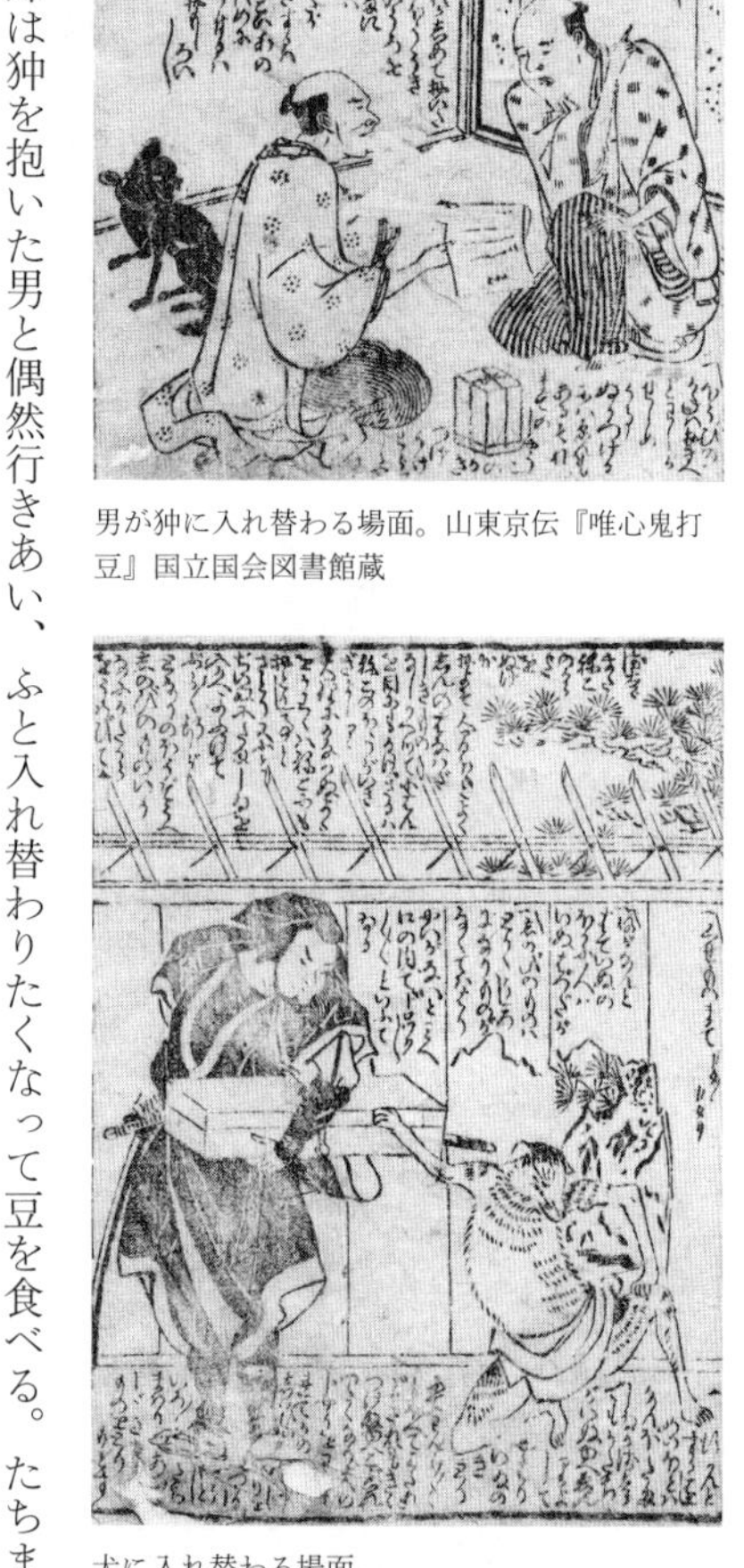

犬に入れ替わる場面

ケモノ扁に「中」という字のユニークな読み解きになっている。こんな解釈が大正期にいきなり出てきたわけもなく、江戸時代から連綿とあった意識と考える方が自然であろう。この「犬猫中間説」は、明治生まれの日本犬研究家・斎藤弘吉（ひろきち）も指摘している。「狆」は日本で誕生した「国字」である。漢字渡来の頃、中国にはいなかったのか。確かに現在、狆を始めとする東洋系の小型犬は、ほぼチベット原産と言われている。

　もっとも欧米では「狆は中国の犬という意味」との解釈が広まっていた。

犬と狆

『動物写真画帖』国立国会図書館蔵

　ただし、狆が「お犬さま」であったことも確かで、江戸時代の人が犬の一種だと知らなかったわけではない。

　明治四十四年（一九一一）発行の『動物写真画帖』にある「犬と狆」という項には「狆も亦（また）、犬の一種でありますが」とある。

　つまり「犬とわかってはいる」が、かといってそのへんの犬と一緒にはできないということだろう。江戸時代、狆を商う業者は主に、愛玩目的で飼う小鳥や食肉などを商う「鳥屋」であった。

なお、現在、浅草にあるすき焼き屋の「ちんや」は、江戸時代には大名や豪商相手のブリーダー兼獣医であったところから「狆屋」を屋号としたという。

柴犬よ、おまえもか

しかし、まだ当時の狆の説明としては不充分である。

狆は天平時代、すでに朝廷に献上されていたとされるが、それが繁殖したわけではない。おそらくだが、室町時代以降、渡来船が増えた頃に中国から輸入され始め、繁殖も始まったのだ。江戸初期の元和(げんな)の頃、来日したスペイン商人アビラ・ヒロンは「日本には立派な犬も猫もいない。すぐれた犬、猫は外国から来たものである」と書き残している。江戸初期には狆は舶来犬と認識されていたなら、辻褄が合う。

パンダ・カラーの現在の「狆」が品種として固定されたのは、幕末から明治期にかけてのごく近代であり、それまではさまざまな種類があった。

大田南畝(おおたなんぼ)が『俗耳鼓吹(ぞくじこすい)』を書いた天明八年(一七八八)頃には「壹(いち)まい黒(全身黒)」

「壹まい白（全身白）」「白黒斑」、および「目黒（パンダ柄か）」「鼻黒（鼻のみ黒か）」、さらにモノトーン以外として「赤斑」「栗斑」などがいたらしい。

さらに「かぶり（長毛で顔に毛が被った種か）」「毛なが」「毛づまり（短毛種か）」など長毛・短毛というバラエティもあった。「地びくの毛長流行申候」とあるので地に着くほど長毛の犬種が流行していたようだ。

わからないのは「むじな毛（むじな＝狸）」で、これは色合いか、毛の生え方か。「耳は大耳べったりだれ」というのはバセット・ハウンドのような耳だろうか。「上田すじ」「こくすじ」「治郎すじ」「小田すじ」「大島すじ」という「すじ」による識別もあったようで、ブリーダーの名前や地名などが由来となった犬種別があったのが推察される。

つまり、狆は多種類いて、しかも変遷したのだ。『狆飼養書』という書には「かぶり」はオランダ人が持ち込んだ水犬（ウォーター・スパニエルか）が由来で、これを江戸で長毛種の狆とかけあわせたのだとある。意図的な改良や、流行による淘汰の末、現在の「狆」の姿に近づいていったのだ。

その上、小型の洋犬までが「狆」であったようである。

オランダ船で渡来した生き物を記録した「唐蘭船持渡鳥獣之図」には、犬絵が八十一点あるとされる。それをまとめた『舶来鳥獣図誌』（一九九二年発行）に載った十二点のうち

「狆犬」と書かれた牡と牝　『舶来鳥獣図誌』

「狆犬」を見ると、どれも現代の狆とは似ても似つかぬ姿の洋犬だ。

イタリアン・グレイハウンドらしき犬あり、シュナウザーかテリアかと迷う犬あり、垂れ耳のパピヨンのような犬もあり（パピヨンが立ち耳になったのは十九世紀末）、「阿蘭陀狆犬」と書かれた図もある。狆犬すなわち小型犬だったのだ。

なるほど、先述の『唯心鬼打豆』の挿絵の狆も、可愛らしい首輪をした、真っ黒な洋犬であった。まるで黒いトイ・プードルのような姿である。

さらに、所謂「愛玩犬」のみならず、庶民は小型犬一般を「狆」と呼んでいた可能性もあるのだから、始末におえない。

前述の日本犬研究家・斎藤弘吉は、戦前に群馬県から長野県境の猟師が飼う柴犬について調査していた際、「どこの家でもチンと呼んでいました。昔の小さい体格の犬は日本犬でもそのように呼んでいました」と証言している。

柴犬が、狆！

この、なんとも大らかな捉え方を意識しつつ、本章を読んでいただきたい。これからご紹介する飼い主たちが愛した「狆」たちが、いったいどんな姿だったのか。それは、皆さまのご想像におまかせする次第である。今となっては、もうわからないのだ。皆さまの愛犬に置き替えてみるというのも、一興かもしれない。

なお、庶民が「狆」を飼えなかったわけではない。『耳囊（みみぶくろ）』には「疱瘡（ほうそう）神狆に恐れし事」という、軍書読みの浪人宅に「疱瘡（天然痘）の神」が現れたときの話がある。

夜、小さな背丈に小さな顔の老婆が不意に現れ、「自分は疱瘡の神であるので、灯明（とうみょう）と酒を供えよ」とのたまった。だが、「浪人の愛狆六、七匹」が一斉に吠えたてると老婆は怯えて、その犬を早う片付けよと呻いたが、浪人の妻は「夫の愛獣なのでいけません」と、はねつけた。老婆はすぐにいなくなってしまったという。

まごうかたなき一般庶民宅に狆が数頭いたわけである。

また、幕末の柳橋（現・台東区）の風俗を描いた『柳橋新誌』によれば、柳橋芸者たちは、たいていは母（実母あるいは養母）と暮らし、狆か猫を飼っていたという。

狆を悼み

初代キリシタン大名と言われる大村純忠一族は、子の喜前の代に徳川期の大名となり、先祖伝来の肥前国大村藩を安堵された。純忠自身は有馬家出身で、大村家には養子に入った。上井覚兼に南蛮犬を贈った有馬晴信の叔父に当たる。

喜前孫の純信は、わずか三歳で藩主となった。その際、守役に抜擢されたのが、弱冠十五歳であった小佐々前親である。

文武両道に秀でた前親は純信を力強く支え、二十三歳で家老となった。

年若い藩主と家老。うるわしいコンビである。が、それは純信が三十三歳で急死するまでの間であった。

江戸表での主君の悲報を聞き、前親は大村城下で追腹を切った。享年四十五歳。

その彼を火葬した際、日頃「膝下に抱えて」愛したという犬の「華丸」が、火中に飛び込み焼死したと伝わっている。

この顛末は、前親の墓碑の傍に建てられた、華丸自身の墓碑に残されたものである。藩主純信の墓碑を護るようにある前親の墓碑と、傍らの愛犬の碑。前親の三メートル超の墓碑に並ぶ華丸の碑も九〇センチの高さがあり、高禄藩士並みだ。

しかも碑文は、漢文学者でもあった前親の高弟が記した美文である。

碑文には「前親と華丸は互いに深く親しんでいた」とあり、泣かせる。これを編んだ高弟たちは、日頃の彼らを見ていたのだろう。華丸が藩主の純信に嫉妬するなどして、主従で笑ったりしたこともあっただろうか。想像をかきたててやまない。

牡の狆と伝わる華丸は、あるいは洋犬であったかもしれないが、犬種は不明だ。伊達藩の佐久間玄徳が十二支額を奉納した慶安三年（一六五〇）の出来事であった。

なお、大村純信の伯母は、先述の平戸藩松浦氏に嫁いだ。松浦氏もまた、本書に欠かせない家系だ。もう百二十年ほどのちの松浦家の犬事情を、のちほどご報告しよう。

正式な葬儀で弔われた狆もいた。

『近世風聞・耳の垢』という一書にあった「狆の葬儀」。

広島藩主・浅野重晟(しげあきら)の生母にあたる、通称「和泉の方」と呼ばれる女性がいた。所謂、お部屋さま（側室）である。「手飼ひの狆」が煩い、馬医者に診(み)せた。朝鮮ニンジンなども取り寄せ、介抱したけれども、治療の甲斐なく死んでしまった。

そこで和泉の方は、愛狆の葬儀を行ったのだ。

浅野家の菩提寺である国泰寺において、寺僧五人が狆の葬列を出迎えた。和尚も中門まで出座した。紋のついた提灯が二張。墓所堂のごとき設えもしたというから本格的である。位牌も整えた。茶湯料を供え、打敷と呼ばれる金襴の布飾りなども誂えた。

初七日、四十九日といった七日ごとの追善法要も行われ、金三両が別に遣わされたという。これほど愛されていた狆である。せめて名前が知りたかった。明和三年(一七六六)の出来事である。


なお、ずっと早い平安時代に、犬のために法要を行った人物がいたらしい。

しかも、当時カリスマ的存在だった説教の名人に頼んだ。「説教の講師はイケメンに限る。ありがたさが増す」と『枕草子』で断言した清少納言が「高座の上が光り輝くよう」とまで絶賛した清範という律師で、文殊菩薩の化身と謳われた。当時二十五歳。

四十歳も年上の、名門の出の法橋(一条天皇の中宮定子の伯父に当たる人物)が「彼は犬の法要でどんな説教をするのやら」とコッソリ見に行った。すると清範は「ただいま、この世を去った聖霊は、極楽浄土の蓮の台でワンと吠えていらっしゃるでしょう」と語り、聴聞した人びとは大受けしていた。『大鏡』に書かれている出来事である。

ちなみに「ワン」に当たる言葉は「ひよ」と書かれていて、言語学の論文でもよく引用される箇所である。『甲子夜話（かっしやわ）』で松浦静山は、この鳴き声についても論考している。領地の村々では犬の鳴き声を「びよびよ」と言うが、江戸では子どもなど「ワンワン」と言っている。夜、静かに耳を傾けてみると「びよびよ」と聞こえるような気がするし、家来たちに尋ねても同様だと言う。儒学者に聞くと唐では「キンキン」と言うらしい。国によって違うものだ、とのこと。

そのまま言語学の話に展開しているのが彼らしい。

引っ越し大名の狆たち

愛狆家同士のつながりはあっただろうか。「引っ越し大名」松平直矩の日記を見てみよう。直矩も、狆を愛玩していた。ただ、彼の日記ではすべて「鎮犬」となっている。狆を「鎮」と表記する例は非常に珍しいが、日記中で鳥屋が扱っていることもあるから、狆を指していることに間違いないだろう。

初めて記述に登場するのは万治三年（一六六〇）で、佐藤伝兵衛（家臣か）に貰ったという。「芸をする」とあるので、二十歳前の若い直矩には物珍しく、欲しくなったのだろう。

その後、犬友たちの狆など見る機会も多く、何度か狆を手に入れている。

寛文三年（一六六三）五月、水谷伊勢守より「鎮犬一疋」を貰った。

水谷伊勢守勝隆もまた、直矩の伯父・直政につながる遠い姻戚だ。この鎮犬は男犬で、先日門の外から見かけたものだった。たくさんいるので欲しかったらどうぞ、と言われて貰ってしまったのである。ここに「鎮犬は、その昔、筑紫国の鎮西府から献上された由来から名前がついた」という記述もあって、これは今回、ほかのどこにも書かれていない知見であった。

鳥屋からも手に入れている。寛文四年四月、「とりうり」七右衛門が堺から連れてきたという鎮犬を取り寄せた。昨年から家臣に申し付けていたということで、夜になって八百屋の左兵衛が曳いてきた。遠方からも取り寄せていたのである。

微笑ましい犬の贈答もあった。

内藤家に嫁いだ義理の姉妹が産んだ少年・内藤藤太郎に、長崎から取り寄せた鎮犬に小刀を添えて、プレゼントしたのである。「昨日約束したから」とあるので、前日にねだられたのかもしれない。このために、直矩は日頃から犬付き合いをしていた内藤家の家臣と相談し、特別に一匹手に入れた。このとき、藤太郎少年はまだ四歳だったが、九年後に早世してしまうのだった。

この年は十二月にも、従兄弟で犬友の信濃守・上野介兄弟を訪問して「緩々（ゆるゆる）」し、長崎から来たという鎮犬を見せてもらうなどした。

鎮犬と暮らす日々は、領地が村上から姫路に移っても続いた。家臣らしい福島勘大夫の末っ子・内介が飼っていた鎮犬の噂を聞き、譲ってもらうなどしている。伊与屋一右衛門（鳥屋か）に見せたところ、おそらく長崎から来たもので「事之外能犬之よし」ということだった。


越後騒動で忙しくなるにつれ、鎮犬の話題も見えなくなるが、延宝七年（一六七九）十月の記述のなかに、ぽつんと鎮犬がいる。いつものように親戚絡みで、「鎮犬方々」松平中務を訪ねたとある。中務は直矩の伯父・忠昌の嫡男である「中務大輔」昌勝かと思われるので、彼も従兄弟だ。松平佐州（佐渡守。康尚か。伯父の直政の義兄弟）なども登場する。

翌週も、指物屋の吉兵衛が連れてきた赤毛の鎮犬に、三両二分も支払っている。なお、小鳥屋の二郎兵衛が長崎から連れてきた斑の赤白の鎮犬は、代金十五両と高額だった。

胃の痛くなるような御家騒動の最中、「鎮犬」は、直矩のささやかな安らぎであったようであるが、高い買い物でもあったようだ。

鳥屋は狆のブリーダー

松代藩四代目藩主である真田信弘の娘は、大和郡山藩主の柳沢信鴻(のぶとき)に嫁いだ。「犬公方」徳川綱吉を支えた側用人・柳沢吉保の孫に当たる。真田氏と同様、甲斐武田氏の遺臣の家系である柳沢氏もまた、愛犬史において重要な大名家だ。

信鴻は、当時の文化系大名の元締め的存在であった。息子の保光に家督を譲って隠居すると、祖父の吉保が造営した下屋敷に移り住む。現在も文京区本駒込に残る、当時は三万坪に近い規模だったと伝わる広大な庭園つきの屋敷だ。六義園(りくぎえん)である。

もっとも、当時すでに相当、荒廃していた。

だが信鴻は、家臣と共に汗水流して屋敷も庭も整備した。そして、農作業や園芸を楽しんだ。それどころか、自ら脚本を書いて家臣たちと素人芝居を打ち、江戸の町に出ては探索してまわり、俳句を嗜(たしな)み、動物を育てと、全力で余生を満喫した。

松平直矩にしろ彼にしろ、こういった全力投球タイプは筆まめが多かったのか。信鴻の『宴遊日記』は、狆についても貴重な情報を伝えている。

日記を見ると安永二年(一七七三)頃、六義園を頻繁に「鳥屋」が訪れている。名は市郎兵衛だ。

毎度持参したのは狆だった。信鴻は当時「鬼次」や「福」と名づけた狆を飼っており、彼らの交配を試みる一方で、別の可能性も探っていたらしい。

市郎兵衛は、まず「ちよこ」という白栗毛・長毛の狆を持ってきた。だが福に比べて体格が小さすぎ、すぐさま返している。

その後、今度は「福」を市郎兵衛に預けた。どうやら相手探しをさせたようだ。さらに柿色の斑毛の「小僧」を持参させるなど、市郎兵衛は何度も訪れた。鳥屋の商売は狆を商うだけでなく、愛好家のブリーディング支援まで含まれていたらしい。

ちなみに信鴻は、愛好家間でも狆の貸し借りをしていたようだ。滝内蔵進（くらのしん）（家臣か）の飼う「黒小狆」を借り受けた際は、信鴻自身の飼う狆たちが吠えたて、返さざるを得なかったと書かれている。なお、この狆は信鴻の五男・里之（さとゆき）のところにいる「狸（たぬき）の如き牡狆」の子どもであったらしい。信鴻の子どもたちも狆仲間であったようで、現代でもありがちな環境である。時に持ち寄るなどしていたのではないだろうか。

その後、繁殖が成功したのか、信鴻は狆の仔を育て始めた。名前は「豆」である。

耳の付け根に「大なるダニ」がついた際は取り除いたあと灸を据えるなど、当時のドッグケアも知ることができる。その際、毛刈りはしたのか、知りたいところだ。

だが「豆」はまもなく食欲がなくなり、乳も飲まなくなった。

翌日には、信鴻の四男で六角家に養子にいった広寿（ひろとし）が六義園を訪れている。なかなか不調を脱せない「豆」のために信鴻は後日、広寿のもとに「豆」の飲む乳を貰いに使いを出した。里之だけでなく、広寿邸にも狆がいたようである。やはりだ。

「豆」はもらい乳をしていたのか、それとも乳を出す狆はいたものの、広寿のところに実の母狆がいたのか。離乳は済んでいたが衰弱によって授乳に戻そうとしたのか。事情はわからないが、信鴻は狆の薬の手配も家臣に頼むなど、苦心している。

「豆」の具合がいよいよ悪化すると、六義園内にあった龍花庵の観音像に、侍女がお百度参りをした。龍花庵は柳沢家の代々の霊を祀る庵である。危篤となった際は再び灸治（きゅうじ）も試してみた。広寿も再び訪れ、共に看病もしていたようだ。

しかし結局、「豆」は亡くなった。

「首玉褥（くびたましとね）と共に」埋葬したとあるので、猫のように首玉（鈴）をつけていたとわかる。狆のことを「狗猫」「猫犬」などという呼び方をするのも納得だ。

あの六義園に、狆も眠っていると思うと感慨深い。

その後も狆の「鬼次」の屎を屋内で見つけて騒ぎになったり、市郎兵衛が訪れたり、両国の鳥屋で狆を見たりするなどの記事は見られるが、やがて狆に関する記述は見られなくなる。ただ、信鴻は愛玩用の鼠の繁殖もしており、その上、広大な園内には狐だの蛇だの鶴だのが棲みつき、生き物との出会いには日々事欠かず、退屈する暇もなかった。

それに一般的な犬たちは、その後もたびたび登場している。

外出先からついて来た犬を追い払ったかと思えば、迷い込んだ犬が子どもを産み、皆が入れ替わり立ち替わり見に行って、しまいにはほだされてしまったり、あるいは犬同士の喧嘩に悩まされたり、育てあぐねた犬に養育料をつけて家臣に下げ渡したりと、内容は実にバラエティに富んでいる。

外から連れてきた犬を飼う前に、蚤を取るために煙草の茎を煮出した汁（烟汁）に入れるなどもしていて、ノウハウもいろいろと持っていた。

当時の犬医療

なお、犬医療という概念は、どれぐらいあったものだろうか。

鷹狩り用の鷹や鷹犬を育てる役職があった江戸幕府には、犬の医療法も伝えられていた。例えば雑司ヶ谷の御鷹部屋御犬方・中田家に伝わる秘記である。『蒼黄集』という。書かれたのは文政期なので、綱吉期に流行った「御犬医師」以降の文書となる。

　御犬医師についての記録は幾つかあり、山崎藤吉という人物は綱吉没後、有馬則維に仕えたという。当時、薬屋の手代あがりの犬医者が、いかにいい加減な処方をしていたかが『元宝荘子』に書かれているが、当時は人間の医療もそれほど正しいものではなく、製薬業などは特に資格も必要なかった。

　犬医者は綱吉没後いなくなったと思われているが、そうではなく、狩り好きであった吉宗期では「犬通辞」と呼ばれた。

『蒼黄集』には「熱病」「腹腫」「咽腫之事」「虫下り」などについて記述があり、それ以外にも目薬や口中洗薬など、すべて漢方の処方がある。

　ほかにも狆の飼育本や、宮内庁図書寮文庫にある『犬之書』など、犬のための書物はけっこう残っている。ただ、民間に共有された情報は少なかったかもしれない。

　病犬に咬まれた人間のための薬はあった。江戸時代中期成立の、各種見聞を集めた『譚海』は、日本橋平松町井上藤蔵という儒者のところに「奇方」があり、鼠に咬まれたときにも有効と謳っていたことを伝えている。作家の滝沢馬琴は鼠に咬まれた際、「京や三九郎方」という販売元から「犬毒妙薬」を手に入れている。鼠にも効くということで服用したが、量の塩梅を間違えたのか、全身麻痺を伴う下痢など副作用でさんざんだったと日記に書き残した。

愛犬本『犬狗養畜傳』

由緒正しい犬医療書『蒼黄集』と同時期に、民間でも興味深い一冊が出版されている。著者は暁鐘成。戯作や画業を生業とするマルチタレントである。本のタイトルが『犬狗養畜傳』というのだが、これがまるで、現代の愛犬マニュアルのようなのだ。

鐘成は愛犬本『犬之草紙』も残している。大坂で峠越えをした際に盗賊に襲われ、「皓」という愛犬が身代わりに命を落としてしまったというエピソードも残っており、皓の供養に「愛犬殉難碑」も建てた。筋金入りの愛犬家であった。

この『犬狗養畜傳』には「人過って彼が尾を踏み」「創を蒙るハ人のあしきにて」「犬の科にあらず」という、狂犬病撲滅期に殺された犬たちを時代の先取りをして悼むようなフレーズも見える。また、闘犬を楽しむ人間は「畜生にも劣るべし」と断じた。

彼の目配りは、実にきめこまやかである。

「主なき犬は外で病にも罹り害される事も多い。必ず慈悲を加え、夜間は寝床を与え、朝は遅く出せ」「寝床には筵やワラや空き俵などを敷いてあげるべし」「犬は腹中常に熱する

『犬狗養畜傳』挿絵　国立国会図書館蔵

ものだから水は欠かすな」「雨の日は馴れた犬など室内に入りたがるが、湿気を嫌うからだ。いたずらに怒らず、何か敷いてやれ」「強飯ばかりでなく粥のようなものも併用せよ」「夜中吠えるのは用足しに行きたいからだ。だが屋外に放すと狗賊（虐待者か）も多いから寝床から連れ出してやれ」「歩き方がおかしいときは指の間を探ってみよ。ダニがいるかも」などなど。

　そして「蠅などたかるときは煙草の茎を編んで首輪にするとよし」とある。六義園でも、犬を洗うのに「烟汁（煙草汁）」を用いるなど、江戸時代は煙草の匂いをかなり便利に使っていたようだ。生活の知恵と言える。

　そしてズラリと犬用の漢方薬を一挙掲載している。

瘦犬快生散（食物にふりかけて処方。狂犬病などによし）

猘犬潤和散（食物にふりかけるが、食べないなら鰹節か生臭いものに混ぜよ。気が荒い犬に処方すべし）

閉犬速開散（食物にふりかけるか水に混ぜて処方。元気のない犬によし）

柔狗強壮散（食物にふりかけて処方。定量に注意。虚弱で痩せた犬や毛艶の悪い犬に）

これら四種は「矮狗猫ともに用いてよし」とのことだった。

つまりこれ、宣伝本でもあるのだ。当時、製薬業はわりと気軽に行える生業で、競争相手も多かったから、宣伝が重要だった。犬猫用の薬についても、六義園の狆が病気になったとき薬を買いに走らせているから、やはり需要も供給もあったのである。

そして当時、自著が自家製品の宣伝も兼ねるのは当たり前のことだった。

鐘成が示した犬治療は、誰にでもできそうな手法ばかりだ。「皮膚病には桃の葉を搗いた汁や茶を煎じたのを塗って洗い流すべし。傷を受けたときは小豆を煮て食べさせるとよいが、食べたがらないときはよく冷やして鰹節を混ぜろ。蚤虱は樟脳を犬の全身に塗り、箱などで覆ってしばし放置すれば落ちる」

皮膚病は、飼い主にもはっきり見えるし、犬が掻いてこじらせてしまうなど、現代でも頭の痛い疾病である。その対処法が書かれているのはありがたかったはずだ。

さらに蝦類は禁物、ご飯ばかりでなく粥やオカラ、小豆粥なども時には出してみよといった食餌関連のアドバイスがあるのも、現代の犬マニュアルと変わらない。

なにより画期的であったのは「病に罹ったからと言って捨てたりするな」という、現代で言う「終生飼養」の意識を説いていることである。

鐘成はこれらを「共有したい情報」として発信したのだ。

なお、本書には狂犬病の記述もあり、天保期生まれの鐘成の生きた時代に、すでに狂犬病が流行していたことの証明として今日でも引用されている。

狆(わたし)を京までつれてって

そして社会的に有名になった狆もいた。六義園の柳沢信鴻は熱心な俳人であり、息子を始め、俳句仲間についてはは日記でもみな俳号で書いている。舅の真田信弘のことも「菊貫」と呼び、まるでハンドルネームで呼び合うＳＮＳさながらだ。

園内で採れた季節の物を分けたり（時には催促さえされた）、お返しを貰ったりと、その交友は実に親密である。そういった仲間のひとりに「銀鷲」という花やかな号を持つ俳人がいた。

酒井忠以(ただざね)。雅楽頭(うたのかみ)家の当主である。信鴻とは三十以上年齢差がある青年大名で、実弟には画家として名高い酒井抱一がいる（抱一も杜陵という俳号で日記中に登場）。

共通の趣味があれば年齢差も何のその、「銀鷲」は『宴遊日記』の常連中の常連だ。彼もまた「在所往来にも」狆を連れ歩く愛狆家であったので、あるいは信鴻とも狆で繋がりがあったかもしれない。例えば憧れの年上文化人から貰った狆を大事に飼っているうちに、すっかり親しんでしまったなど。なかなか面白い関係性ではないか。

だが実は彼は、愛犬史上のビッグネームさでは信鴻をはるかに凌ぐのである。

天明元年（一七八一）、酒井忠以は勅使として京都に赴いた。

江戸藩邸を出る際、愛狆が一緒に駕籠（かご）に乗り込んでしまい、離れない。抱き下ろそうとすると噛んだり吠えたり唸ったりする。仕方なく、「品川宿までは」と駕籠に乗せて出立したが、品川宿でも同じ有様で、とうとう京都まで連れてきてしまった。

時の帝は一一九代光格天皇。後桃園天皇が二十二歳で後継者なくして崩御し、急遽、閑院宮家から迎えられた。博学多才、意欲旺盛で、天明の大飢饉には幼いながらも幕府に救済を促すなど、禁中並公家諸法度も恐れぬような気骨と共に、父譲りの歌才が伝わる。

忠以上洛当時はまだ践祚（せんそ）して一年余り、数え年でも十一歳という少年天皇であった（忠以が遣わされたのも御代替わりのためらしい）。忠以の方もまだ数えで二十三歳である。

狆の話は天聴に入り、「畜類ながらその主人の跡を追う心の哀れなり」との思召しで、なんと狆に対して六位の位が与えられた。

戯れの言葉だったとしても綸言汗の如し、犬への叙位は京都中の話題となったようだ。誰が言い出したか、「くらいつく　犬とぞかねてしるならば　みな世の人の　うやまわんわん」という戯れ歌まで残っている。『耳嚢』にある有名な逸話であるが、帝は少年、忠以もまだ青年という、フレッシュな顔ぶれだったのである。

ちなみに平安時代、「命婦のおとど」と呼ばれた一条天皇の愛猫は、命婦という役職名から五位相当だったと言われている。五位以上で昇殿が可能な殿上人とされる。四位以上の位階でないと帝に拝謁できないため、ベトナムから輸入した象に「広南従四位白象」という位を授けてから天覧を仰いだ故実を鑑みると六位では昇殿できないので、忠以の狆を見たいから授けた位ではないだろう。あくまでその心根に対するご祝儀というわけだ。忠以は帰途の駕籠の中で、愛狆を「六位どの」などと戯れて呼んだかもしれない。なお忠以自身は従四位下、侍従であった。

この数年後、伊達騒動を題材とした人形浄瑠璃の『伽羅先代萩』は書かれた。十年ほど前の歌舞伎版の改作である。

そこには政敵からの暗殺を恐れて食事もままならない幼い若様が、愛玩犬の狆を見て思わず「わしゃ狆になりたい」と洩らす名場面が登場する。

ここで、若君を毒殺する菓子を持って現れるのが管領・山名宗全の奥方だが、史実で宗全に当たるのが酒井忠清、つまり忠以の先祖である。原田甲斐が伊達宗重を惨殺し、原田ほか二名が斬られたのは、ずばり酒井家の上屋敷であった。

忠以自身はその後十年もせず、没した。なんと信鴻没より早かった。同じ姫路藩主であったこともある「引っ越し大名」松平直矩が没してから、およそ百年ののちになるが、彼の場合はまだ三十六歳であった。

忠以弟の抱一は画家として長く活躍し、狆の絵も洋犬の絵も残した。

第三章でご紹介した酒井抱一の『洋犬図』は絵馬である。江戸屈指の高級料亭（のちに仕出し屋に特化）八百善の四代目主人、栗山善四郎（戌年生まれ）が抱一に依頼し、西新井大師の総持寺に奉納した。文人としても一流であった善四郎の経営する八百善は、抱一や市川団十郎などが集うハイクオリティなサロンでもあった。

大奥は狆の園

江戸時代中期に活躍した大田南畝の『狂歌才蔵集』には「寄矮狗（ちん）恋（矮狗（ちん）の恋（こい）に寄する）」という一首がある。

うき恋の　身はつながれし　狆なれや　涙こぼしてふるへてぞゐる（呉竹よぼけ）

小型犬が時折プルプルと震え、涙目がちであるのは愛好家のよく知るところだ。それを恋心になぞらえるのはさすがの巧さで、小型犬をよく知っているからこそ詠めた一首といえる。そして狆のような愛玩犬は、繋がれて飼われることもあったとわかる。次章で述べるが、江戸時代の犬は放し飼いが一般的であった。

ほぼ同時期、『譚海』には狆について「菓子は胃を壊すのでよくない。ご飯に鰹節で飼うこと」とある。女性たちが、ついつい甘いものをあげてしまうイメージだろうか。大奥や遊郭といった、女性が大勢集まる場所は狆のテリトリーであった。

国芳の「御奥の弾初」（帯裏）を見ると、首まわりにフリルのようなものをつけている。これが愛玩犬としての狆の定番スタイルであった。

ちなみに大奥には「お犬子ども」と呼ばれる雑用係の少女たちもいた。

大奥に勤める女性は将軍や御台所（みだいどころ）の前に出ることができる「御目見（おめみえ）」と御目見以下に分かれていた。「御目見」は武家や公家の女性たちだが、御目見以下は町人でも武家を仮親として出仕できた。

一勇斎国芳「御奥の弾初」（部分）国立国会図書館蔵

「お犬子ども」は、世話親の「御目見」から扶持を受け、行儀見習いを兼ねて働く陪臣であるため、愛玩犬になぞらえた呼び方をされたのだろう。裕福な商家などは娘に芸事など教え、仕度を調え「御目見」に預けた。世話親のコネや本人の資質次第では「御召抱（おめしかかえ）」（幕府から扶持を貰う正式な立場）になることもあり、可愛がられもしたようである。彼女たちは、狆の世話もしたのではないだろうか。

『譚海』には、猫の仔を育てた狆についても書かれている。

母猫を亡くした仔猫を育てあぐね、乳の出る狆に預けてみたのである。狆は嫌がってなかなか側に寄らせなかったが、慣れると猫の仔も育てるようになった。仔猫は長じて、高所に飛びあがったりしない猫になり、「狆の性をあやかった」と言われたそうだ。

京都で天明の大火が起こるのは、酒井忠以上京の翌年である。その次に起こる大火は蛤御門の変のときだ。しかし、幕末にはまだ早い。次の章では江戸期の犬の一大トピックである「生類憐みの令」について見てみることとしよう。

コラム　犬が子どもとあらんことを

子どもの娯楽が少なかった時代、犬は子どもの暮らしに欠かせない友であった。「御火焼(おほたき)」という、京都の伏見稲荷大社などが行う冬の祭事がある。収穫祭の一種で、饅頭など供物が配られることから、子どもは待ち望んだ。蕪村の句が秀逸である。

御火たきや　犬も中〱(なかなか)　そゞろ皃(がほ)

同じく冬の風物詩として、『絵本江戸風俗往来』の十一月の項に「仔犬の小屋をつくる」がある。子どもたちがそのへんの材木で、犬小屋を建てるのだ。御火焼にも仔犬や母犬が多くうろついていたのではないだろうか。

「仔犬の可愛らしさをよく写した絵は少ない」ともある。長沢蘆雪（ながさわろせつ）や円山応挙といった錚々（そうそう）たる画家たちが仔犬に挑戦しているが、この著者にはまだ不足だったようだ。

なお、名前は「クマ」と「ハチ」が多いという。そしてムク犬は美しいけれど弱い犬が多いとも書かれていて、ミックス犬が普通にウロウロしていたのだとわかる。

歌川広重「木曾海道六拾九次之内長久保」二十八　国立国会図書館蔵

長沢蘆雪「天明美人図」

長沢蘆雪「雪狗子図襖」

上流階級の子どもたちにも犬は欠かせない存在だった。将軍家四代目の徳川家綱（当時は竹千代）の、日吉山王社への初宮参りの行列が屏風絵に残っている。絵を見ると、赤犬と白犬の二匹が、犬曳き役に連れられ、並んで歩いている。そして、竹千代の駕籠の前に、何やらうずくまった動物のようなものを抱えた二人が並んでいる。猫ぐらいの大きさだが、猫ではない。犬張子なのである。

　初宮参りに犬張子という取り合わせは、熱田神宮が由来ともいう。徳川家康が幼少期を熱田で過ごしていたことも思い出される。

　宮参りに犬が付き従うのは慣例であったようだ。『甲子夜話』に、文政期の尾張家世子の宮参りについての記述がある。松浦静山が九鬼家を訪ねた際に聞いたのだが、宮参りの犬は、なかなか骨の折れる存在だったそうである。ほかの犬に吠えかかられるのは忌み事であったし、追われたり追いかけたりはなおのことで、犬曳き役にそれらを巧く回避する、しかるべき心得のある者を配するのが肝要ということだ。

　ほかにも、将軍家斉の「若宮さま」御宮参りの行列が記されている。このとき犬張子は「御筒守」という竹筒に御札を入れて布で包んだものと一緒に「天児」に添えられている。天児は平安時代からある、幼児の災厄を引き受ける人形のことだ。この三つが若

犬張子

宮を護っていた。そして「御犬」二頭は黒い羽織袴姿のお犬曳きに連れられていた。

家綱の初宮参りからおよそ百三十年ののち、十代将軍家治（いえはる）の嫡男、数えで九歳の家基（いえもと）が浅草に外出することになった。少年とはいえ、すでに従二位大納言であった。

事前にしっかりコース計画がなされた。念入りに準備のお触れが出て「大納言さまが遠目に御覧になれるよう」並べておくべき品々も指定された。

「ホオジロや鴨、ミミズク、アヒル、四十雀（しじゅうから）、目白」などは、鳥屋に向けてであったらしい。さらに「其外ちん、唐鳥類」なども、御用の節はすぐさま差し出すよう「勝手に入れ置き」用意しておけ、というお達しであった。

この浅草歩きは、大納言さまのお気に召したらしい。翌明和八年（一七七一）も再びお触れが出た。

幟（のぼり）や端午の節句の飾り付けも片付けたりせずそのままに、とある。プランナー側は、賑やかな浅草の雰囲気も大事だと察したのだろう。粋なはからいだ。

そして今回は「鶉（うずら）ならびに狆」を見やすく並べて置くように、と明確に指示された。

おそらく家基は前回の浅草歩きの際、狆と鶉が気に入ったのだろう。

聡明で将来を嘱望された家基少年は、二十歳を迎えることなく世を去った。

早世した家基の傍らに、狆は寄り添っていただろうか。そうであってほしい。彼の手に成ると伝わる「洋犬図」が残っている。描かれた黒い洋犬は赤い首輪をつけていた。構図は狩野派の典型的なものだが、幼さの残る筆でもあり、前述のエピソードがあるだけに愛犬を描いた可能性もある。

そして、狆と子どもと言えば、そもそもこの子を忘れてはいけなかった。

戦国時代の天文二十年（一五五二）、周防国（山口県）で、大内義隆という大名が滅んだ。家臣の陶晴賢に謀反を起こされ、息子ともども殺されたのである。

滞在していた公家まで殺害される大乱で、これを「大寧寺の変」という。

嫡子・義尊は、まだ七歳だった。義隆は自害の前に、小幡四郎義実という十五歳の小姓に義尊を託した。が、追っ手は振り切れず、『陰徳太平記』は義尊の最期をこう伝える。

義尊は四郎義実に尋ねた。

「桃花犬は討たれてしまったろうか。自分を探しているのではないか」

大寧寺の住職・異雪慶珠は、こう答えたという。

> それもとくと先へまいり、道にて待ちおり候わん、御道すがら御伽に召されられ候へ。狗子仏性とて、仏となるものに候うほどに、極楽へ見へられ候へ（後略）。
>
> （狆はもう先に旅立ち、若君をお待ち申しております。道すがらお慰めになされませ。犬

の仔とはいえ、仏となるに変わりありませぬ。共に極楽に向かわれませ）

愛犬の狆が極楽へ行くべく待っていると住職は説いたのだ。すると義尊は、それならいいと手を合わせて四郎に討たれ、四郎は返す刀で腹を切り、主を抱いて死んだという。死を前にした少年が、あの犬が待っているなら、と思うことができる。

これが後世の創作であっても、読者は信じたのだろう。少年は狆と共に旅立ったのだ。愛犬家は知っている。愛された犬が向かう先は、極楽しかない。

少年はまさしく、極楽へと向かったに違いないのだ。

第五章　生類憐みの令とは何だったのか？

綱吉は愛犬家、ではない

困った。

なんとなれば、徳川綱吉はおそらく、愛犬家ではないからだ。『三王外記』という綱吉・家宣・家継三将軍のことを漢文で記した書に「仏林狗を好む」様子が「二百匹も飼っていた」とか「大名に飼わせた」などと書かれてはいるが、史実かどうかはあやしいところだ（仏林狗は狆の別称）。綱吉は大奥で狆に親しんでいたかもしれないが、本人が格別愛狆家だったわけではないのではないか。

凝り性で偏愛度の高い綱吉が真に愛犬家であったなら、もっと強烈な逸話が残りそうなものだ。だが、当時の大名や家臣たちも含めて、具体的な話が見当たらない。いい感じのエピソードがあったなら後世の犬好きからの評価も上がったろうし、本書的にもありがたかったのだが。

もっとも、元禄四年（一六九一）に加賀藩で「良狆求ム」のお触れが出ており、綱吉への献上が目的では、との指摘がある。この狆の条件がまた、極めて具体的で面白い。

一、丈　一尺二寸より内（背丈約三六センチ以内）
一、四足　細し
一、耳　立ち申し候ヲ（求ム）
一、顔（おもて）　しゃくみ、四つ目、しゃく額ニテ之無（これな）くヲ（求ム）
一、尾　生まれつきニテ　ごぼう尾ニテ之無くヲ（求ム）
一、毛色ハ惣黒候（あるいは）惣赤色候（あるいは）惣あめいろ候　壱色（ひといろ）ノ犬
　腹などに少し白色之在（これあ）り候は苦しからず候
右いずれも男犬の狆

四つ目というのは、目の上に所謂（いわゆる）「まろ眉」模様があって、目が四つに見えることだ。柴犬などによく見られ、愛らしく好む人も多いが「人を喰う」「禍（わざわい）をもたらす」などと近

世・近代には忌避される傾向にあった。「しゃくみ」は能の面(おもて)にもある表情で、おでこと顎が張っている。この場合は、現代の狆に見られる「鼻ペチャにおでこ」という特徴を表しているのだろう。注意すべきは「これらの特徴が見られないもの」を求めているということだ。「ちんくしゃ」ではなく、まろ眉もない狆に限る、というのである。

ごぼう尾は、ふさふさしていない筋状の垂れ尾のことだから、巻き尾か、もしくはしっぽが豊かな個体ということか。そして全身が黒か赤茶か「あめ色」の、ワンカラーの牡犬という、なかなかにハードな条件を満たす犬限定であった。

所持していれば必ず届け出よ、いない場合はその旨も報告せよと広く募ったが、結局見つからなかった。しばらくして「毛色は問わない」と重ねてお触れが出ている。

これらを検討すると、当時すでに現代的な鼻ペチャ狆もいたのだろう。だが、いったいどこから出てきた条件なのか。当時の美的感覚か、献上相手の好みだったのか。あまりに具体的なので、誰か特定の人物のために探していたのではないかとも思える。例えばそうした犬を亡くした後、ペットロスに陥った身内のためといったような。

生類憐みの令は、言ってみれば法令集で、貞享二年（一六八五）頃からだらだらと二十年以上にわたって綱吉が死ぬ直前まで、馬や犬を始めとした数多(あまた)の生きものについて、手を替え品を替え繰り返し出され続けた。どのお触れが始まりかさえ、まだ定まっていない。

　きっかけは綱吉の嫡子誕生願望と言われてきたが、それもどうだか。

「護持院の隆光が、戌年である綱吉は犬を大切にすれば後継ぎができると説いた」という説は、すでにほぼ否定されている。綱吉が戌年生まれであることだけは事実だ。

　この際、綱吉自身の嗜好はあえて問うまい。

　犬と肖像に収まった黒田忠之（ただゆき）も参戦した島原の乱から、およそ五十年。国内に、戦乱というものの記憶がほぼ絶えた。社会的概念の変換期と言える。

　華丸の飼い主・小佐々前親（あきちか）は主君に殉じたが、その後、四代将軍の家綱によって殉死は禁じられ、弟の綱吉が武家諸法度にそれを明記した。

　もう戦はない。武士にはサラリーマン化してもらうしかない。拡大していく都市圏では、帯刀の武士と無刀の一般市民が共に暮らすことになる。しかも江戸幕府というのは徹底的に小さな政府だった。全国的な警察組織などもない。いつまでも勇み肌の男伊達が闊歩する風潮では困るのだ。

　現代の我々は知っている。意識改革が、いかに難しいか。綱吉はそれに果敢に挑んだとも言えるが、案の定、民衆にも役人にも後世にも、理解者は少なかった。

　幕府の触れは、基本的に江戸の留守居役から各藩地元に伝えられる。このうち弘前藩の

『御国日記』を見ると、あるお触れには「是ハ将軍綱吉様犬御好ニ而」という文言が追加されていた。門脇朋裕氏の指摘である。

つまり「上様が犬好きだから」という注記が加えられていたわけだ。しかも「江戸では往来で食べ物を持っていると犬が喰いついてくる」というエピソードまで添えてあった。

伝える幕臣にも中継する役人にも、伝えられた民衆にも、皆に降ってわいたような、いきなりの「生きとし生けるものへの慈悲を奨励するお達し」が、どれほど突飛に捉えられたかがわかる。そもそも将軍というのは長く、自ら政治を行う存在ではなかった。家光はずっと病気がちであり、家綱は「そうせい様」などと陰口を叩かれていた。

綱吉はそんな空気を読まなかった。能や学問に凝るなど、とかく極端だった彼は突き詰めていく。彼は実効性を求め、追加項目を出し続けた。

だが「犬目付」などと言われた小人目付・徒目付などを合わせても百人そこそこで、しかも綱吉は将軍就任直後、悪徳代官や役人などの人員整理まで行っている。取り締まる人数が少ないにもかかわらず実効性を求めるとなると、厳罰主義と通報重視しかない。罰せられる者が増えるにつれ、世情が混乱したのは間違いない。

だが近年の、これが動物や生命の愛護を目指す、世界に先駆けた法だったのではないかと問う見方も否定できない。

「綱吉は異常なまでに実子相続に執着していた」とも言われる。

が、大名家が後継ぎ不在に悩むのは、お家の断絶につながるからだ。将軍家にその心配はない。御三家も、甥の綱豊も控えている。不安定ではあるが、もはや戦乱の世ではない。

兄の家綱も死の直前に綱吉を指名するまで、後継ぎがいなかった。

そして有力な後継ぎ候補だった甥の綱豊には子どもがいなかった。

紀州徳川家に嫁いだ娘の鶴姫が子を産むのを待っていたのは確かだろう。結局、鶴姫は病死してしまい、綱豊を後継に指名した。

綱豊は子どもがいないまま、四十三歳で将軍継嗣となった。

こう見ると、綱豊は後継ぎとしては心許ない存在であり、鶴姫の懐妊を待ったとしても「異常」とまで言えなそうである。

「生類憐みの令」の発令のきっかけが綱吉の実子誕生を願う下心であったとしても、そして綱吉の意図が現代の動物愛護とはほど遠いものであったとしても、結果としては革新的な政策となってしまった。早急であり、唐突であった。

野犬はびこる町

綱吉のために弁解しておきたい点が、もう一点ある。

オランダ商館の医者だったドイツ人ケンペルが元禄年間に出版した『日本誌』には「戌年生まれの将軍により、犬が増えた」と書かれているが、生類憐みの令を契機として犬が増えた、というのは間違っている。

石川豊雅「十二支　犬　霜月」ボストン美術館蔵

犬はもともと日本中に溢れていたのだ。根崎光男氏ほか、複数の指摘がある。

広島城下では寛文九年（一六六九）にすでに「街中に野良犬野良猫があるので放し飼いは厳禁」という触れがあり、その後何度か、野犬狩りをするから犬を繋げというお達しが出た。町

歌川広重「犬満ちぬ　草津ノ図　東海道五十三次之内」　国立国会図書館蔵

人が犬を飼うのは御法度なのに飼っている者がいる、という触れもあった。似た内容の触れは岡山藩でも庄内藩でも出されている。江戸だけではなかったのだ。

当然である。犬は人里に集まる。残飯や死骸があるし、虐待する人間もいるが愛好する人間も必ずいるからだ。

そして、犬は繋いで飼うものではなかった。六義園の柳沢信鴻も繋いだ様子がない。綱吉も「主なし犬にも餌をやれ」とは言ったが、「犬は大事に繋いで飼い主は責任を持て」とは一度も通達していない。

犬は、町内を歩きまわる存在で、高確率で餌をくれる特定の人がいても、それが飼い主ということではなかった。現代の地域猫と似ている。それでも町内や屋敷内に「住んでいる」と認識され、番犬として役にも立っていた。

去勢も避妊もしていない犬が出会い放題なら、病気や虐待で死ぬ確率を考えても、どんどん増えて当たり前だ。しかし、犬は猫と違って、危険な存在になり得た。ゴミを漁ったり墓を掘り返したりという犬害のほかに、人を噛んだ、荷物を盗った、夜中に集団で追いかけてきたなど、問題が多発した。

明治期になって、江戸期について語った『絵本江戸風俗往来』には「夜半の通行、犬に苦しむ」という一節が見える。「一犬吠ゆる時は万犬これに倣い」恐ろしくて仕方なかった、というのである。

野犬の集団には、外国人も悩まされた。明治期に来日したアーサー・H・クロウも「外でいやらしい野良犬どもが一斉に鳴き出し、ぞっとするようなすごい遠吠えが続けざまに聞こえてきて、眠れなかった」とこぼしている。

こんな落とし噺（ばなし）が『甲子夜話（かっしやわ）』にある。

江戸では夜間に人の通行が途絶えると犬たちが徘徊し、ひとり歩くと「衆犬吠迫り、行くこと難し」という状態だった。

まるで戦国時代だとある男が嘆いた。するともうひとりが言った、「我に術あり」。犬に迫られたら、四つん這いになって自ら吠える。さすれば犬は懼（おそ）れて退くはずだ。それを聞いた男は果たして後日、犬に囲まれた際に四つ足になって吠えてみた。

犬たちは懼（おそ）れ散じたが「ときに一犬あり」。そいつは後ろから男の尻を噛んだ。男は、思わず飛び上がって叫んだ。「キャンキャン！」

猫ならば増えても人間を襲撃したりはしないだろう。犬の増加には、犬特有の危険性があったと言えそうだ。

市中に犬が増えると、ほかにも弊害があった。例えば大八車は江戸期に登場した文明の利器だが、ブレーキはない。スピード重視で町中を突っ走り、轢（ひ）かれる犬が増えた。あるいは子どもや老人の被害者もあったのではないか。綱吉はこれも交通法的に取り締まったが、犬を名目にしたために犬に向けた反感が高まった。

さらに当時、犬食いの習慣が人びとを悩ませていた。「悪犬は殺していいか」「悪犬を殺せという触れを出してくれ」などの訴えが、民衆側から出ている。その延長で「増えた悪犬は食べてもいいではないか」と思う者がかなりいたらしい。

だが日本では古来より、肉食はマイナーな文化だ。仏教の影響と考えられている。江戸期では「野生動物の肉以外は忌避」というのが一般的認識であった。食肉を育てるという意識は希薄で、例外が鶏である。だが肉食がまったく好まれなかったわけではなく、

「薬喰い」と称して寄りあって食べるのは楽しみでもあった。

食肉の流通が充分でないのに、欲望はある。需要もある。狙われたのが、犬だった。困ったことに、捕まえやすい飼い犬が、しばしば被害にあった。繋いでいないと、飼い犬かどうかわかりにくかったとも思われる。飼い主にとってみれば、たまらない。

だから生類憐みの令以前から、意図的に飼い犬を殺して食べて捕らえられ、死罪や流罪になった判例が『御仕置裁許帳』にあると根崎光男氏が指摘している。また「悪犬は始末したい」という民衆からの訴えにも「飼い主次第だから強制はできない」と役人が答えるなど、犬の殺生を強制したくないという共通意識もすでにあった。

各地の役人は増犬問題解決に奮闘していた。例えば庄内藩では「当歳の仔犬」や老犬の飼育は禁じ、その上で他国に追い払えと説いた。殺すのは「堅ク可為無用由（かたくむようになさるべく）」つまり厳禁で、俵に入れて最上（もがみ）など遠国まで運べというから、極めて具体的（そして面倒）かつ無責任な指示である。だがこれが当時のセオリーだった。

つまり各地で犬を押し付けあう、とんでもない悪循環ができていたのだ。文字通り「犬は天下のまわりもの」であったわけである。

なお、俵に入れて運ぶのはスタンダードな方法だったようである。大型犬も入れられる大きさで、形にも柔軟性があり、空気も通る。なるほど巧い生活の知恵だ。明治になってからも、あのハチ公は俵に入れられ、秋田から東京まで運ばれている。

これら増犬問題は、実にみな「生類憐みの令」が出される以前からの事例である。岡山藩で出された「やってきた放れ犬を子どもなどがかまい、なついてはそこに住み着いてしまう。今後は打つなどして追い払うように」という触れ書きなど、リアルな実情だ。可愛いと思う人びとは多かったのである。それを役人たちも重々承知し、理解する者も多かった。だからこそ苦労していたのだ。

伊勢神宮のある伊勢では犬害を重く見て、定期的に犬狩りをしていた（生類憐みの令の時期には苦労した）。これはよく言われる糞尿などの忌避ではなく、犬の出産と、死体などを掘り出したりする「喰入れ」が忌まれたためだという塚本明氏の研究がある。しかし、元禄年間に調査すると、神官ですら犬を飼っている者がいたという。

そんな殖えすぎた犬たちに迷惑し、疎ましく思い、虐待行為を働く者がいる一方で、可愛がる者が絶えることはない。そんななかで犬の虐待を防ぐ政策を打ち出した綱吉は、無謀な戦いに乗り出したと言える。

中野の犬小屋

生類憐みの令で評判が悪いひとつに、中野の犬小屋がある。

これも、まるで犬を大事にし始めたと思ったら、いきなり巨大な犬小屋が江戸に出現したかのようだが、違う。生類憐みの令が最初に出されてから中野の犬小屋が出来るまでには、十年が経過していた。

しかも、まず四谷に「荒き犬」「牝犬」のための犬小屋をつくるという前段があった。その後、さらに広い中野小屋がつくられ、統一されたのだ。

そして犬小屋に収容された犬は、やがて少しずつ死んでいった。それを責める論調があるが、これも不当な気がする。

犬は決して詰め込まれていたわけではない。敷地の中に小屋が複数建てられ、それなりにではあるが犬は分けられていた。運動不足であったのは確かだろうが、それでも病犬たちを散歩に連れ出そうという努力もあったようである。

現代でも、保護犬、保護猫シェルターの運営は、極めて難しい。

病気の流行や個々の相性や体質の違いを管理することになり、どこのシェルターでも人員不足が深刻だ。崩壊したシェルターについての報道もある。

現在、シェルター管理の獣医学は「シェルター・メディスン」と呼ばれ、日本にはようやくその理論が導入されつつある。犬の場合、猫と違って個々の体格や能力に著しい差があり、より難しい。蚊が媒介する伝染病「フィラリア」も、すでにあったと思われる。

中野の犬小屋では、牡犬と牝犬は分けられていたらしく、これは重要なポイントだ。

当時、たったひとつ犬を殖やさない方法があるとすれば、牡牝を分けて飼育することである。それがこの犬小屋で実現していたとしたら、減っていくのは当然であるし、それを意図したものであったことも考えられる。

民衆の負担は大きかったが、そもそも当時、幕府のやることとは、多くが大名側・民衆側の負担であった。そして、膨大な犬小屋の維持費と、犬小屋管理の困難さに、幕府は政策を転換する。犬に飼育費を添えて農民に預ける、というのが新しい政策である。綱吉が死ぬ以前から、中野の犬小屋は縮小方向にあった。

生類憐みの令が、さまざまな点で矛盾を孕み、行き過ぎであり、不当に処罰された者が続出したのは真実である。当時は犬を管理するノウハウも予算もなく、それらを充分に吟味しないままにスタートした政策であった。

態度が大きくなった犬たちが目障りで、余計にその数が多くも感じられたことだろう。

しかし、綱吉が犬を増やし始めたわけでは決してない。

あるいは当時にも、犬の虐待が減ったことを密かに喜んだ人びともいたかもしれない。当時の人びとがこの法令を理解できず悩んだように、現代でもまだまだ理解を進める余地があるのが、この「生類憐みの令」である。貴重な先行研究についても、まだ充分には共有されていない。今後の課題といえる。

「松浦侯の赤毛犬」

その後、やっぱり犬は増えていった。『甲子夜話』に、こんな落とし噺がある。盲目の座頭は両国橋を歩きながら杖を犬に当ててしまい、犬は驚いて鳴いた。数歩行って、また杖が犬に当たった。座頭はつぶやいた「長い犬だ」。

両国橋の上を行くにも、犬がごろごろいたということだ。

『天明俳諧集』の『其雪影』にも

狗の(ゑのころ)　なじみてどれも　捨られず（子曳）

という一句がある。産まれた仔犬を、どれも手放せないという悩みをズバリ詠んでいて、状況が目に見えるようだ。

増えて当然である。

犬公方を支えた側用人・柳沢吉保の孫の信鴻について前章で触れた。彼の孫は平戸藩松浦氏に嫁入りした。舅になったのが『甲子夜話』を書いた松浦静山である。

『甲子夜話』には犬についての記述も数多い。有名なのがお伊勢参りをする犬だ。

彼がその赤犬に出会ったのは日光東照宮参詣の道中で、輿の傍らをいつの間にかついてきていた。ちゃんと首に「参宮」と書かれた木札をつけており、その紐には多くの銭が通してあった。理由がわからず人に尋ねると、これは奥州白河から来たであろう犬で、札も銭も道中、皆で足していったものだろうと言う。犬同士は喧嘩したりするものだが、不思議なことにこの犬をかまう犬はおらず、静山は「犬ながら信心があるものらしい」と感心しながら二日間同行した。伊勢参りだけでなく、金比羅(こんぴら)参りをする「こんぴら狗」がいたことも伝わっている。

『仙台風俗志』国立国会図書館蔵

ほかにも『甲子夜話』には犬の鳴き声や狛犬(こまいぬ)の考証、

「あと脚が四本ある見世物犬」についての記述などがある。

かつて所持していた、木製の犬についても書いている。元は「呉服屋の大丸」のお稲荷さんの祠にあった狐を「ゆえあって」買い求め、犬に作り直したものだった。一頭は黒い斑の犬、一頭は赤犬で、どちらもなかなか精巧であったらしいが、火事で焼けてしまったということだ。静山はこれを屏風の押さえとして使っていた。


しかしこれらとは趣が違う犬の記事が、ひとつだけある。亡父の愛犬についてである。

静山は、十一歳を過ぎた頃に父と死に別れた。父の政信はいまだ家督を継がない世子のまま亡くなった人物である。『甲子夜話』を書いたのは静山が隠居したのちで、住んでいたのは本所の下屋敷だ。所用で浅草の上屋敷を訪ねるたび門前に赤犬を見かけ、静山はそのむかし九歳か十歳の頃、屋敷の床下で産まれた仔犬たちを思い出した。

父の政信は彼らを可愛がった。揃ってみな赤犬で、長ずると一頭が小柄ながら利口な犬に育ち、政信を慕っていつもつき従うようになった。

ほかの犬にも決して退かない勇敢な犬だった。政信他行の際は、馬上にあれば前を歩み、駕籠であれば傍らを走った。人びとはその犬を「松浦侯の赤毛」と呼んだという。

当時、まだ吾妻橋はなく、竹町には渡しがあった。ある日、幼い静山がそこで釣りをしていると父がやってきて、渡しを舟で渡っていった。舟には犬を乗せられず、政信は赤犬を下がらせたが、犬は去らずに岸におり、舟が出ると水に飛び込んで、泳いで共に渡ったという。みな感心してその様子を見守ったそうだ。

政信急死の後、天祥寺での葬儀の際も赤犬はそこにいて、その後は墓前に臥して過ごすことが多かったという。政信の没した翌年、赤犬もまたこの世を去った。

父を懐かしんだ記事は、おそらくだがこの項のみである。静山にとっては犬の記憶が、父の想い出と親しくリンクしていたのだろう。「今能くこれを記憶す」と記している。

その赤犬は、唐犬でもない、ただの地犬だ。大名の世子が彼らと自然に生活を共にする様子に、当時の犬たちの様子がわかる。

犬はやはり、人びとと共にあったのである。

吉宗の大人買い

「鷹将軍」と呼ばれた八代目将軍吉宗は、綱吉期にすたれてしまった鷹狩りの復活を目指したが、犬問題には大いに悩んだ。

「御拳場(おこぶしば)（狩り場）」に犬が多くいたのである。獲物を盗ってしまったりと鷹狩りに差し支えるのだが、人びとが率先して犬を捨てに来る。人間が住まない土地だからだ。禁令も、綱吉のときと同じく浸透しなかった。犬小屋も建て、「犬通辞」などの役職も設けたから、実は似たような施策にたどりついていたのである。

それでも「犬は繋いで飼え」というお触れは出なかった。よほど、犬を繋ぐというのは日本人には馴染まなかったようである。

吉宗自身は、綱吉より犬に執着があった。狩猟に使う「鷹犬」が欲しかったのである。中国にも発注した。「男犬」は大きさが背丈二尺二寸（約六六センチ）以上、「女犬」は二尺（約六〇センチ）以上の大型犬で、若いほどよく、少々気が荒くても「不苦候（くるしからず）」というオーダーであった。

取り寄せたうち「虎毛の長毛牡犬」は気に入らず、長毛は不可としたが、それ以外は「五匹でも十匹でも」という大人買いであった。

定例のオランダ商館長の江戸参府時にも、狩猟について特別に問いただした。長崎から取り寄せたオランダ犬も早速使ってみて「より敏捷で大型の犬」を追加発注した。そんな通販活動を、その後も十年以上続ける。「水犬」の噂も聞き、すかさず注文した。

もっとも、彼は犬以外にも興味があり、「御用の品」はオランダ馬を始め、孔雀（くじゃく）、鷲、青インコ、紅インコ、紅雀、文鳥と多彩であった。犬も「狩犬之子」以外に狆や「中犬」（狆よりやや大きい犬種か）も取り寄せた。

おそらく将軍家以外にも買い手は数多いたことだろう。長崎には、洋犬に関する記述が多数残っている。

吉宗の時代にすでに「阿蘭陀狩犬」や「黒毛耳切狆犬」「黒斑狆犬」「白赤斑水犬」などがいたらしい。「水犬」がウォーター・スパニエルだとしたら大型種もいるが、江戸時代では水犬といえば小型犬だったのかもしれず、見聞集『譚海』には「狆は水犬を最上とす」とある。キング・チャールズ・スパニエルのような小型スパニエル犬に近かったかもしれない。

商人と洋犬が彫られた印籠　アムステルダム国立美術館蔵

黒毛耳切狆犬というのは断耳した黒のミニチュア・シュナウザーだろうか。

なお『通航一覧』にも阿蘭陀屋敷の犬の記述がある。「その形するどく見え」、耳は垂れて、白地に黒い斑があるものが多く、毛は細くて美しいというので、ポインター的な猟犬が想像できる。

吉宗没後、すぐに犬小屋や関連の役職は撤廃されたようだ。吉宗も綱吉と同じく、自ら政治（まつりごと）を行う珍しい将軍だった。そして吉宗もまた、決して手放しで歓迎される執政者ではなかったのである。

ただ、吉宗の猟犬たち以外にも、各地に「御用犬」はいたかもしれない。

例えば加賀百万石の前田綱紀（つなのり）の飼い犬である。綱紀晩年に仔犬の飼い主を募集しており、いずれも越中の田舎に貰われていったらしい。綱紀の没した翌年、「松雲院（綱紀）様御用犬十一匹」の里親たちに宛てた「首玉（鈴）と札を必ずつけるように」というお達しが出ている。

加賀藩では正徳（しょうとく）期にも「犬の飼い主募集」のお触れが出ており、城中にいついてしまったと思われる犬の貰い手を田舎に求めている。すでに生類憐みの令は撤廃後である。これまでと少し違う、犬への優しさが綱吉期に育っていたものだろうか。

なお、舶来犬の渡来には負の影響もあった。狂犬病である。

日本で狂犬病の流行が確認できるのは、吉宗在位の享保期からなのである。長崎から発生し、しずしずと東上、七十年以上かかって新潟県まで到達した。

それから第二次大戦後の混乱期までずっと、各地で連続的に、時に猛烈に流行した。犬のコロリとも言われた。人が噛まれると発病することもわかっていた。

犬の大量死が何度か記録されている。人びとは、発症した「風犬」を殴り殺した。が、稀に一見未発症でも感染力をもつことが、現在では判明している。「放ち犬」「地犬」たちが、狂犬病を全国に運んだことは間違いない。

これに政治的対応がとられるのは、明治になってからだった。

また、吉宗の異国への興味は、洋書の輸入解禁などの政策に反映された。

これがのちに「蘭癖（らんぺき）」という、強烈な異国オタク的属性を生む一因となる。

蘭癖大名の代表格と言われるのが島津重豪（しげひで）や、黒田斉清（なりきよ）である。島津家も黒田家も、本書には馴染みの深い犬縁の家柄だ。

特に島津家は、「犬追物（いぬおうもの）」を幕末まで大切に伝えるなど、犬に縁が深い。いや、この名家の犬との関わりは、一朝一夕でないディープなものであったのである。

島津家の「犬癖」ぶりを、次章でご紹介しよう。

コラム 有馬家は犬で狐の霊祓い

綱吉がらみの犬ネタで、ひとつ他の大名が絡むものがある。

久留米藩有馬家である。

有馬家？　有馬家なら化け猫ではないか？　いや、犬ネタもあったのだ。

ここの六代目のお殿様は則維といって、元はさる旗本の五男で養子に出され、別の旗本家を継いでいた。ところが久留米藩で藩主が後継ぎもなく没したため、三十代になって急遽、遠縁の彼が末期養子に立てられたのである。

養子候補は当初、則維の息子だった。それを「末期養子は則維ならＯＫ」と鶴の一声で決めたのは、ほかでもない将軍綱吉であったという。少なくとも柳沢吉保はそう伝えたらしく、則維は綱吉に大恩を感じつつ、一躍二十一万石の藩主となった。

さらに則維は、綱吉から犬を貰ったようだ。のちの文化年間の『卯花園漫録』にある。

御参覲御交代ともに御つれ候、犬は御拝領のたねのよし、今以て御つれ成され候

大切な大切なお犬さまとはいえ、文化年間まで生きてはいまい。とにかく有馬家では

参勤交代の際、綱吉拝領の犬（の子孫（たね））を代々引き連れ、「有馬の曳犬」と呼ばれた。曳いて歩かせていたなら狆ではないだろう。

このお殿様には、ほかにも犬がらみの逸話がある。例の六位の狆の話が書かれていた『耳嚢（みみぶくろ）』に、則維が戸田丹波守を訪問した際の話があるのだ。

戸田邸で、ひょんなことからおでこに怪我をしてしまった則維は、戸田家伝来の「金瘡を治す秘伝の奇薬」を処方してもらった。するとみるみる快癒したではないか。

ぜひその薬を伝授賜りたい、と則維はねだったらしい。しぶしぶ丹波守は教えてくれたが、これがとんでもない薬だった。なんと狐を生きながらある薬に和して、油で煎りたてて採るというのだ。

よせばいいのに則維は帰邸して、早速やってみた。薬はできたが、その夜から狐の霊が出るようになり「百計なせど」消えなかった。言わんこっちゃない。困り果てた末、居間や寝所に犬を置くようにした。幸い、犬の威力はあらたかで、ほどなく霊は去ったという。

こんな薬が本当にあったか知らないが（そうでないことを祈る）、当時、狐には誰もが一目置いていた。六義園でも、狐の穴が見つかると油揚など供えている。犬が効いたのは、狐だけではないようである。三田村鳶魚（えんぎょ）が『黒甜瑣語（こくてんさご）』という随筆を引いて、別の有馬家エピソードを伝えている。

> 鍋島侯は夜々大般若（お経）を読誦して妖を除く。
> 有馬侯にて宿直する犬あり。其妖、目に遮るものあらず、大あれば厲なし、故に太守の臥し給ふ外に二頭の犬を置く。犬もなれて暁まで眠らず、斯の如し。
> 今年藩（秋田）の仙北はよき犬を産すとて懇望あり。贈られしも久しき事ならず。

鍋島家と有馬家を並べて書いている。となれば、これは、化け猫だろう。

有馬家の化け猫話は則維から一代飛んで、八代目藩主頼貴のときの話だ。

面白いことに八代目は犬好きだった。国内だけでなく、オランダ犬も求めたという。

だから『黒甜瑣語』にある、秋田藩に犬をねだったというのも実話なのだろう（秋田犬は江戸初期から有名だった）。それに尾鰭がついたのかもしれない。


なお、有馬家では九代目の文政元年（一八〇四）、城下にある尼御前大明神を、芝赤羽根橋の上屋敷内に勧請した。水天宮である。

水の神、そして安産と子授けの神として、水天宮は当時から知られていた。お産での死や、子なしのトラブルが多かった時代である。塀越しに賽銭を投げる者もいたそうで、久留米藩では幕府の許可をとり、月に一度水天宮を庶民に開放した。
この計らいは、お馴染み「なさけありまの水天宮」という囃し言葉になったのだが、
それ以上に久留米藩に莫大な収入をもたらした。
水天宮は明治期に日本橋に移動したが、今も「子宝いぬ」の像がある。
そして鍋島家は今後も登場するので、乞うご期待。

第六章　薩州犬屋敷——島津家の犬外交

関白秀次までが犬を

第二章の上井覚兼の南蛮犬でもわかるように、中国や東南アジアに門戸を開いている島津領には、その後も舶来の犬や猫がもたらされるようになった。

太守（たいしゅ）島津義久は島津家の主筋で格別懇意だった前（さきの）関白の近衛前久（さきひさ）に猫六匹を一度に贈っているし、その後、弟の義弘も前久に猫三匹を贈る約束をしている。猫は京都にもたくさんいるはずなのに、前久がわざわざ島津家から多数貰っているのは珍しい猫だからだろう。舶来の猫だった可能性が高い。

犬も同様だった。文禄三年（一五九四）、時の関白豊臣秀次が朝鮮出兵中で不在だった義弘の留守衆に命じた。

「島津兵庫（義弘）の家中には、鹿喰犬（しかくいいぬ）が多数いると聞いている。それが欲しいので、なかでも逸物の犬を献上せよ。義弘が朝鮮に在陣しているから、留守の面々が馳走し、こちらの使者に渡すように」

「鹿喰犬」とは大型動物の狩猟に適した猟犬のことだろう。秀次は「鹿喰犬」によほど執心して興味津々だったのである。義弘が不在にもかかわらず、留守衆にわざわざ手配するようせっついているのは、矢も楯もたまらないほど欲しかったことを示している。

薩摩の「鹿喰犬」が遠く離れた京都で噂になるほどだから、よほど珍しい犬だったに違いない。これも南蛮犬の猟犬だろう。秀次は鷹狩りに熱中していた。鷹狩の鷹は各種の鳥類のほか、兎・狸・狐などの小動物の捕獲がせいぜいで、鹿や猪など大型動物の狩りは無理である。秀次は「鹿喰犬」でこれら大型動物も狩ってみたかったのではないだろうか。

しかも、義弘が多数所有しているのは、輸入した南蛮犬を繁殖させていることを意味しているだろう。

福島正則までが犬を

島津家が南蛮犬を繁殖させていることを裏づけるような史料もある。時代が十年ほど下った慶長十年（一六〇五）頃、義弘は猛将で知られる福島正則（安芸広島四十九万石）に呂宋（ルソン）犬をプレゼントするという書状を出している。

「いつぞや呂宋犬をお望みだとおっしゃっていましたが、最近、子を産みましたので、赤斑一四、黒斑一四差し上げます。気に入っていただければ本望です」

ここでは、南蛮犬でもさらに具体的に「呂宋犬」だと特定している。ルソン（現・フィリピン）は当時、スペインの植民地だった。だから、「呂宋犬」はスペイン原産の猟犬だったに違いない。

そして、注目されるのは、義弘＝島津家が明らかに「呂宋犬」を繁殖させていることである。先にみた「鹿喰犬」を多数所有していたこととも合わせて、島津家は南蛮犬のブリーダーであり、しかも、それを贈答外交の有力な切り札にしていることもわかる。

ほかにも犬の贈答がある。江戸時代初めの慶長年間だと思われるが、前関白の近衛前久も島津家から犬を貰っている。島津家の人物（初代藩主家久か）に宛てた書状によれば、前久は島津家から鷹狩り用と思われる犬を貰っている。

「島津家から貰った犬は一段とよく（獲物を）噛むので秘蔵している。犬はあちこちから十四ほど貰ったが、島津家からいただいた犬に優るものはない。（中略）又四郎（垂水家の島津信久か）から犬二匹いただき、うれしい。とにかく御国（薩摩）の犬はほかよりよく見えます」

公家社会の頂点に立つ貴族が、島津家から貰った猟犬を手放しの褒めようである。これも南蛮犬だった可能性はないだろうか。

水戸斉昭までが犬を

島津氏の贈答外交は時代が下っても続いた。そして贈答の重要なアイテムを二つもっていた。ひとつは戦国期にはなかった薩摩焼の磁器（白薩摩と呼ばれた）。とくに「薩摩肩衝」はその芸術性が茶人大名の古田織部などに高く評価されて茶道具の名物として、幕閣の要人や大名たちを喜ばせていた。

もうひとつのアイテムが狆である。狆は猟犬と対照的に小型の可愛らしい愛玩犬だったから、身分の高い女性を中心に愛好者が多かった。たとえば、十三代将軍家定に嫁いだ天璋院篤姫が大奥で猫（サト姫）を可愛がっていたことは有名だが、三田村鳶魚によれば、最初は狆を飼おうとしたらしい。ところが、夫家定が犬嫌いだったので猫にしたという逸話がある。

篤姫の父（養父）の島津斉彬は狆を御三家の水戸斉昭に贈っている。弘化二年（一八四五）、狆を贈られた斉昭は斉彬に礼状を送っている。

「お国産の黒狆はとくに秘蔵されているとか。そんな貴重な犬を贈っていただいて感謝に堪えません。よく躾けられていると見え、拙者の膝を離れません。よく手入れされているせいか、毛艶も格別よいです。また餌についても、お示しいただきました。去る春にいただいた狆はやんちゃな暴れん坊でしたが、新しい仲間ができたので、至極静かになりました。そのうち、子どもも産まれるのではないかと楽しみにしています」

斉昭は「烈公」とあだ名されるほど気性が激しく、幕府に対しても舌鋒鋭く忌憚ない意見を述べる人物として知られていた。その斉昭が自分の膝の上に乗っている狆に相好を崩して目尻を下げているのが目に見えるようである。

それから三年後の嘉永元年（一八四八）、斉彬が鹿児島から斉昭に手紙を送った。その追伸に「先年お贈りした狆が次々と子どもを産んでいるそうで、おめでたく存じます。今も一匹所持しています。もしお入り用なら差し上げます」と書いている。

先に贈った狆が子どもを産んだこともわかり、斉昭の狆好きが際立っている。実をいうと、この時期、斉彬はまだ世子で藩主になれずにいた。藩主の父斉興がなかなか隠居せず、また天保の改革で、薩摩藩の天文学的な赤字財政を立て直した実力派家老の調所広郷らから斉彬は忌避されていた。斉彬は欧米列強の脅威をひしひしと感じており、日本の海防強化のためにも、一刻も早く藩主になろうとしていた。そのために同憂の士である斉昭や幕閣の老中阿部正弘の援助を期待していたのである。

狆はそうした島津家の贈答外交になくてはならぬ存在で需要が多かったので、その繁殖に力を入れていたと思われる。篤姫もそうした環境で育ったために狆に愛着をもっていたのだろう。島津家は狆のブリーダーだった。同時に、戦国時代から幕末まで、豊臣政権、幕府、上級貴族、有力大名を相手に他に類を見ないペット外交を展開していたのである。

コラム「あの日に帰りたい」――右京大夫の回想

前述のコラムで取り上げた水天宮（すいてんぐう）の祭神は、天御中主神（あめのみなかぬしのかみ）と、安徳天皇、二位の尼すなわち平時子と、そして建礼門院である。

建礼門院徳子は平清盛の娘にして、高倉天皇の中宮、安徳天皇の母である。平家が滅亡した壇ノ浦の合戦の際、入水はしたが救出されてしまい、その後、京都大原の寂光院に遁世したと伝わる。

彼女に仕えていた右京大夫（うきょうのだいぶ）という女房が、ありし日を思って詠んだ歌に、犬が登場する一首がある。

犬はなを　姿も見しにかよひけり　人のけしきぞ　ありしにもにぬ

（犬は今なお、昔見た姿に似ているのに、人の様子はすっかり変わってしまったことだ）

この歌には詳しい詞書がある。

「まだらなる犬」が清涼殿の東庭にある呉竹台のあたりを遊び歩いていた。それを見ていると、その昔、中宮さまのお使いで帝のお傍に参上している折などに、帝の愛犬を呼んで袖を被せてみたりした記憶が蘇ってきた。そうやって遊ぶなどしているうちに犬も馴れ、見ると尾を振るようになって、そんな姿を今も鮮明に、あわれに思い出す。

そうして詠んだのが、右の一首なのである。


右京大夫が徳子のもとに出仕したのは、十七歳の頃だった。徳子とは同年代。高倉天皇は年下である。彼女が見た二人の仲は、睦まじかった。この「まだらなる犬」と思われる犬は、他の史料にも登場している。

『玉葉』の承安二年（一一六八）の記事に「御寵犬」の夭死が記されている。宮廷のことであるから、そのあとの穢れの処置について議論が紛糾したのだが、この「御寵犬」は「犬斑也」と付記されていた。

徳子が入内してすぐの頃だ。高倉天皇は愛犬家であったらしく、譲位する前の治承三年（一一七九）にも「御寵犬」の死亡記事がある。犬を常に傍らに置いていたとしたら、傍に仕える者にとっても、犬の思い出は多かったことだろう。

右京大夫はその頃、恋愛もしていた。相手は清盛の嫡男・重盛の息子である。その平資盛もまた年下であり、他の男性に目移りしたこともあったが、資盛が壇ノ浦で没するまで二人の関係は続いた。

高倉天皇の若くしての死、恋人の戦死、平家滅亡で落魄したかつての中宮・徳子との再会など、あとの思い出が辛くあるだけに、若き日の思い出は鮮烈であったことだろう。

右京大夫は四十歳を過ぎて再び、高倉天皇の皇子である後鳥羽天皇の宮廷に出仕した。だが往時を知る人はほとんどおらず、昔ばなしもできず「とにかくに、物のみおもひつゞけられて（とにかく物思いばかりがつのって）」という日々であった。

そこにこの「まだらなる犬」の姿が目に入ったのである。

笑うように舌を出して、尻尾を振りながらこちらを見る、愛らしい姿が思い浮かぶ。それはかつて、高倉天皇と徳子がいた宮廷にあった頃を、まさしく思い出させたのだ。

右京大夫は、再出仕した際はすでに「右京大夫」という名では呼ばれなかったろう。当時の女房名は職業上の名である。彼女がその名で呼ばれていたのは六年足らず。後鳥羽天皇には上皇の期間も含め二十年以上仕えた。

それでもなお、この名を忘れ難く、勅撰集には「右京大夫」の名で選考歌を提出した。

右京大夫の青春は、恋愛小説さながらであった。しかもそれを彼女は、同じ宮中で思い返していたのである。だが周囲のキャストは入れ替わり、同じなのは「まだらなる犬」だけであった。

この一首は、犬と共に、多くのものを振り返っているのである。

第七章　幕末・犬絵巻

海外犬事情

オランダのライデン国立自然史博物館にあるシーボルトのコレクションには、日本の狆の剝製もある。現在よりもやや短毛だが、狆らしい白黒の小型犬だ。ウィーン自然史博物館に残るオーストリアの女帝マリア・テレジアの愛犬は、パピヨンが立ち耳だったことを証明している。犬の剝製は、歴史的な考証の面からも貴重だ。

少し寄り道して、当時の海外犬事情を見てみよう。

フランス革命の英雄ラファイエット将軍は渡米の際、ピレニアン・マウンテンドッグを持ち込んだという。これがちょうど、シーボルト来日直後あたりである。

メキシコ原産のチワワも天保期に米国に渡り、英国のブルドッグは安政期にイギリスからフランスに輸出され、フレンチ・ブルドッグという犬種となった。明治期にはヨークシャー・テリアが渡米したとされる。
犬が世界中でやり取りされていたわけだ。
そして『南総里見八犬伝』連載中に、歴史に残る愛犬家女王が即位した。英国のヴィクトリアである。愛犬「ノーブル」（犬種は短毛種（スムース）のコリー）の像も現存する。本来は中型犬だったマルチーズは彼女がマルタ島から連れ帰った。女王が愛玩してブレイクしたポメラニアンも、元は白い大型犬種だった。王配（女王の夫）のアルバートがドイツから多数持ち込んだというパグだけでも在位中三十八頭飼ったという。

極めつきの曰くをもつのがペキニーズの「ルーティ」だ。アロー戦争の際、清の離宮「円明園」（紫禁城説もあり）で発見されたうちの一頭だという。ペキニーズは清国宮廷で大切にされていた犬種で、明治四十一年（一九〇八）の西太后の葬儀で、棺を先導した「モートン」が有名である。

なお、アロー戦争について祖国に報じたエルギン伯爵は、日英通商修好条約の締結に携わった。その後、初代英国総領事となったオールコックは、スコティッシュ・テリアの「トビー」を連れて来日した。可哀相にトビーは熱海で間歇泉（かんけつせん）を浴びて死んでしまい、嘆くオールコックのために村人が手厚く埋葬した。墓碑が現在も残る。

推しはシーボルト

浅草歩きを楽しんだ将軍世子の家基が急逝したのち、一橋家から家斉が迎えられた。天明の大火前年である。彼は許嫁の島津重豪息女と将軍就任後そのまま結婚したため、重豪は前代未聞の「将軍舅の外様大名」となった。

文政六年（一八二三）、ひとりのバイエルン貴族がオランダ国王の許可により、長崎に医師として到着した。彼はその後、強制帰国させられたが、日蘭修好通商条約が成立すると再び来日し、結局一八六一年まで滞在した。日本人通辞よりオランダ語の発音が下手なので不思議がられたが、ドイツ人だったのである。フォン・シーボルト、来日当時はまだ二十七歳であった。

文政九年にオランダ商館長一行が江戸に上った際、シーボルトをわざわざ大森まで出迎えたのが、隠居した重豪と、曾孫で島津家世子の斉彬、そして重豪の実子で中津藩奥平家を継いだ奥平昌高だった。蘭癖大名一家、揃いぶみといったところである。

シーボルトの江戸滞在中、彼らは何度も訪れた。特に奥平昌高は合計で五回。一度は幼い息子二人と側室二人、侍女まで連れて来訪している。そもそも昌高はシーボルトに気楽に会えるよう、前年隠居までしていた。令和の現代のように「推しが来る！」のを待ちかまえていたのだ。

実父も養父も蘭癖であった彼のオランダ語は、通辞が要らないほど上達したという。オランダ語で昌高自ら挨拶し、固く握手したとシーボルトの記述にもある。


さてこのとき、昌高の息子から花の灌木と「大変かわいらしい犬」（fraai hondje）が贈られたと、オランダ側の記録にある。

わざわざオランダ人に贈るのだから日本犬だろう。hondje というのは「ワンちゃん」というようなニュアンスなので小型犬ではなかろうか。となると、狆だろう。

前章にあったとおり、幕末の島津家は狆の繁殖をしていたので、島津家出身の昌高が贈答品としても不思議はない。

幕末の大奥で将軍家御台所（みだいどころ）となった天璋院篤姫（てんしょういんあつひめ）は、重豪の曾孫に当たる。この頃の大奥でも、狆は健在であった。上野戦争や箱館戦争を経験した変わり種の画家・楊洲周延（ようしゅうちかのぶ）が描いた大奥の絵には、首まわりにフリフリをつけた狆がいる。

篤姫は天保六年（一八三五）生まれ。この年は幕末史のスター誕生の当たり年で、土方歳三や伊東甲子太郎（かしたろう）、坂本龍馬や松平容保（かたもり）などが「花の天保六年組」である。ペキニーズ愛好家の西太后も、実は天保六年生まれであった。

揚洲周延「千代田の大奥」狆のくるひ　国立国会図書館蔵

なお、シーボルト自身は、長崎で拾った犬を「さくら」と名づけて可愛がり、帰国時には連れ帰っている。剝製はいまも、シーボルト・ハウスにある。

また、島津重豪の娘、淑姫（ますひめ）は、第四章で触れた柳沢信鴻（のぶとき）の曾孫に嫁ぎ、保申（やすのぶ）を産んでいる。保申は第一次東禅寺事件でオールコックらを護り、ヴィクトリア女王に賞賛された。

今日もどこかで八犬伝

幕末の、いや日本文学史上の一大ベストセラー『南総里見八犬伝』は、いわばメジャー少年誌連載の国民的人気漫画のようなものであった。

実に二十八年間にわたる長期連載。長過ぎて連載中に版元が三回変わった。堂々の全九十八巻は、現在なら増刷に増刷を重ね、アニメ化・ドラマ化・実

歌川国芳「本朝剣道略伝　犬江親兵衛」 国立国会図書館蔵

写映画化され、関連ゲームとグッズを合わせて一大産業となったに違いない。

が、当時は印税も著作権もなく、作者の滝沢馬琴の懐はまったく潤わなかった。貸本屋制度が充実していた頃で、勝手に書き写して保存する者も多かった。

それでも連載中に歌舞伎化もされ、大量の浮世絵が刷られ、二次小説も書かれた。犬をあしらった根付が女性に流行るなどもしたという。現代でも『八犬伝』にインスパイアされる作品が、あとを絶たないが、思わぬエピソードも残しているのである。

これまで何度か登場した日本犬の研究家・斎藤弘吉は、秋田藩・佐竹家の当主所蔵と伝わる手文庫にあった「ちぬの考」なる文書を知っていた。内容は日本の狆に関する考察で、さすが秋田犬の本場のお殿様は見識も違う、と感心していたところ、さらに福岡藩の黒田斉清が書いたバージョンの「ちぬの考」を発見したのだ。斉清も当時の蘭癖大名の大物である。こちらが元本だったのか、大発見だと喜んだ。

ところがこれもとんだ誤りで、何のことはない、『八犬伝』の長い連載中に「附説」として書かれたオマケ章「小狗略説」を、殿様ふたりがそれぞれ「ちぬの考」として所蔵していただけだったのだ。インテリ大名が抜き書きせずにいられないトリビアであったのだろう。

ちなみに黒田斉清は、黒田家の出島御番というお役目柄の役得で、長崎の出島に赴き、まんまとシーボルトに直接会っている。ファンの熱意はいつの世も侮れない。

馬琴のこの「小狗略説」が、『閑田耕筆』（伴蒿蹊）提唱の「狆の語源はチイサイヌがなまったもの」説を採用していたため、これ以降この説が広まった。

しかし異説もある。南方熊楠は「支那人はすわれを進座（または鎮座）という。これを聞いていた日本人が、犬のことと取り違えたのではないか」と書き残している。

「小狗略説」が入った第七輯の出版は天保元年（一八三〇）。大田南畝が狆について記述した頃（第四章）からおよそ四十年後である。馬琴は狆の種類として、以下の八つを挙げている。

つまり（毛がつまった短毛種）／占城毛（占城＝サイゴン）／かぶり（長毛種で毛が顔に被っている）／小がしら（頭が小さく目が大きい）／鹿骨（痩せ型で脚が長い）／琉球／さつまだね（薩摩由来。琉球種の混血で立ち丸耳）／まじり（狆と地犬もしくは紅毛狗との混血）

このうちの「小がしら」が上級とされていたらしい。地名由来の種は、それぞれの外見がどうだったのか、今となってはわからない。

その上、小型の洋犬も「狆」と呼ぶ場合があったわけで、姿かたちが確定していたとは言えまい。シーボルトの絵師が描いた「メチン、オチン」の絵も、女狆は白黒だが男狆は真っ黒な小型犬だ。洋犬に近い。

狆は高価なり

来日した西洋人は、元禄時代のケンペルから始まって、もれなく狆について言及している。例えば文政期のオランダ人フィッセルは「犬猫は属甚多し。一種に身軀短小、巨眼鈍鼻、毛色美麗にして甚躁忙なる狗あり」と書いている。描写が巧い。まさしく狆だろう。

幕末になると、外国人による日本滞在記が増える。

植物採集目的で来日した英国のロバート・フォーチュンは、日本人も外国人も珍重する「一〇インチに満たない小型犬」について「ひどい獅子っ鼻で凹目で、可愛らしいというより珍妙だ。外国人のことは憎んでいる」と記述した。

海外に紹介された横浜の狆、ククとお蝶

アーネスト・サトウも読んだ『エルギン卿遣日使節録』の記述者オリファントの書くところによれば、「獅子鼻」「目が飛び出ている」「おでこなので鼻が窪んで見える」「口が閉まらないほど突出している場合もあって、舌が滑稽にはみ出している」と詳しい。くりくりした目と滑稽な舌が釣り合わず、不思議な愛嬌があるという感想が専らであったようだ。
イタリア使節と同乗してきたアルミニヨンの回想も、これまた具体的である。
人間の掌ほどの犬もいて、その目はくりくりとし、丸い鼻面にほとんど鼻がないかのようである。また、毛が多く、牛のような目をした犬の怪物は、こういう店に初めて入った旅人の目を引きつけずにはおかない。(『イタリア使節の幕末見聞記』)

このように、誰も彼もが狆の外見を「珍妙」と思ったようなのだが、それでもなお、みな買って帰るのである。それも滅法高価であったのにもかかわらずだ。

エルギン卿の一行も「一頭五、六〇ドルした」のに一行の大部分が三、四頭ずつ購入したという。『日本への航海』のオズボーンの記述では「一匹とか二匹ずつ」きれいな籠に入れ、特別な護衛までつけていた。数えると、十三頭が船に乗せられたという。

アルミニヨンたちも「一頭四〇ドルとか五〇ドルもする。しかも世話が大変」であるのに、士官たちは数頭ずつ買い求めて船で繁殖もさせた。しかしパタゴニアに停泊中、寒さでみな死んでしまったという。

プロイセンのオイレンブルグ全権公使の遠征記を見ても、その高価さに驚きながら、やはりみなが「あの有名な仔犬」を買ったと書いてある。しかし航海中にジステンパーらしき流行り病で死んでしまった。ただ「ツー・オイレンブルグのとりわけ優れた一頭は長旅にも耐えた」そうで、まだ元気だとある。無事に海を渡った美狆もいたのだ。

なお、こうやって犬を買い求める衝動は、なにも江戸や長崎のような大都市の、土産物を物色する店先でのみ湧き起こるわけではなかった。

明治十四年（一八八一）に来日したイギリス人商人アーサー・H・クロウは『日本内陸紀行』にて、関ヶ原郊外の農家のそばで婦人がブラッシングしていた狆を見て、譲ってくれと交渉したと書いている。意外にも婦人は「三円払ってくれるなら」とあっさり応じたので不思議に思ったら、実は大変な老犬だったというオチがあった。

船による長旅が当たり前の頃は、旅先の一期一会とばかり、旅人は生きた犬でも争って買い求めた。特に、地域に特有の珍しい犬は珍重されたのだ。

『長崎地名考』（明治二十六年）は、これらの事情をよくまとめている。

狆犬は始め南蛮人の持渡りしより其種多くなりて所々にあり
長崎にてハ狆犬といふ其犬の上好なるものは形ち小くして毛深く手足短く
耳大きく顔異相なり
如此一身揃ひたるは蘭人唐人価を論せず需用す

一川芳員『古登久爾婦里』
「横浜休日亜墨利加人遊行」

長崎のオランダ人女性　メトロポリタン美術館蔵

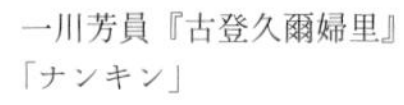

一川芳員『古登久爾婦里』
「ナンキン」

日本犬に限ったことではなく、世界各地で「地域の犬」のクローズアップが始まっていた。だが、同時に高額で売られ払底したり、混血化が進んだりした結果、多くの犬種が危機を迎え、そののち復活する。フランスのピレニアン・マウンテンドッグ、スイスのセント・バーナードやバーニーズ・マウンテンドッグ、ドイツのレオンベルガーなど、幕末から明治以降にかけて復元のために尽力がなされ、蘇った。

幕末から明治期にかけて、狆の犬種としての姿かたちも定まっていった。明治初期に所謂「お雇い外国人」として来日し、海軍学生に英語を教えていたバジル・ホール・チェンバレンはその著書『日本事物誌』において「チン、すなわち日本の狆はきゃしゃな、内気な、黒と白の小動物」と書いている。

ぎょろぎょろした眼がガラス玉のように突出している。生まれた時に、もし鼻が大して獅子鼻でない場合には、指で押込まれる。

本当に指で押し込んでいたかは不明だが、この処置のせいで狆はくしゃみばかりしている、「ちんくしゃ」というのは格別醜い顔を表す言葉だ、と述べている。

チェンバレンは、酒井忠以の「六位の狆」についても知っていた。食餌は猫のように「米の飯に鰹節」とあり、『譚海』の記述と同じである。「卵やパン、ミルクまたはビスケットなどもよい」とあるのは、文明開化の現れか。「よく面倒をみれば十四年か十五年は生きている」と書いてもいるので、身近に愛狆家がいたとも考えられる。血統と外見を重視するか、健康・丈夫さを優先するかでジレンマがあったそうだ。

婦人の居間の装飾として、惚れ惚れするような個体もいたという。「おまわり」などの芸もした。一九〇一年には、その価格は三十円から四十円に上がっていたそうだ。

なお、ここでもやはり、狆は「狆」だった。

日本人は狆を犬だと思っていない。彼等は「イヌやチン」と呼び、まるで狆は異なった種族のようである。

狆愛づる姫君

狆を飼っていた幕末セレブ女性を二人、ご紹介しよう。

「鏻姫(れい)」は篤姫より四歳年下の、長府毛利家のお姫さまだ。

嫁入り前の安政五年(一八五八)頃に描いたと言われる、狩野芳崖(かのうほうがい)作の肖像が残っている。

芳崖は長州藩御用絵師を務めたのち、島津家に雇われてから「犬追物図衝立」を描いた。犬追物は島津家のお家芸だが犬は傷つけない（そもそも本来、犬追物で犬が死ぬのは不吉だという）。犬射蟇目という特殊な矢を使った。

狩野芳崖「鏻姫像」下関市立美術館蔵

「鏻姫像」は艶やかな全身像で、首まわりにフリフリをつけた狆を抱き、座ってこちらを向いている。

鏻姫はその後、家老に嫁いだという。家老に嫁いだ姫君はそれまでにもいた。しかし、彼女の妹にあたる銀姫は、本家の毛利敬親の養女となって、本家家督を継いだ元徳の正室に迎えられた。姉の鏻姫とは格差が感じられる。

父・元運の生前に妹の銀姫が本家養女に行き、元運死後に鏻姫が家老に嫁いだ。

銀姫は正室の娘なので、そのあたりに事情がありそうである。正室は土屋彦直（よしなお）の息女で、彦直は水戸斉昭の叔父なのである。

日米修好通商条約が結ばれた頃で、黒船が来ておよそ五年後であった。嫁（か）した鏻姫は、夫に死に別れたのち再婚し、その後、再び離縁されたという。波乱の生涯だが他の事跡は残らない。残っているのは、狆を抱いた花やかな肖像画だけである。

その、十年ののち。

江戸期最後の年である慶応四年。会津戦争も終結間際であった。

会津若松城に立て籠った中には、藩主松平容保の義理の姉・照姫もいた。養女として会津藩に迎えられ、嘉永三年（一八五〇）に中津藩の奥平昌服（まさもと）に嫁いだ。そう、熱烈なシーボルト推しだった昌高の孫だ。

しかし照姫も鏻姫と同じように、嫁（か）して五年後に離縁された。

理由は不明である。会津家の養父容敬（かたたか）と、奥平昌高が亡くなり、家中の政治的な風が変わったのかもしれない。中津藩はのち新政府軍側につき、会津征伐に出兵した。

会津若松城の籠城戦では成年男子が出払ってしまい、女性も戦闘に参加したと伝わる。彼女たちの、照姫についての証言がある。

照姫様も実に御美しい方でしたが、狆を大変御可愛がりになつて居られまして、この時も御肩の上などに狆が負ぶさりなどして居ました。

照姫は離縁ののち、江戸の会津屋敷に住んだ。江戸生まれの江戸育ち、会津に来たのは慶応四年になってからだ。愛狆は、江戸から連れてきたのだろう。

照姫を護っていた女性たちは「娘子軍（じょうしぐん）」「婦女隊」などと呼ばれたが、負傷兵の治療や兵糧の運搬に追われるなか、姫の愛玩する狆に癒されていたのではないだろうか。

狆の名が残っていないのが残念だ。照姫は会津落城後、実家の弟に引き取られた。狆も無事に連れて行けたと思いたい。

プリンス昭武とリヨン

慶応四年は九月に改元され、明治となる。その前年、慶喜（よしのぶ）の実弟・昭武（あきたけ）が渡欧した。兄の名代としてパリの万国博覧会に派遣されたのである。日本の万博初参加であり、幕府、薩摩藩、佐賀藩が別々にパビリオンを出した。

ようやく満十四歳だった少年昭武は各国王室に「プリンス」として紹介され、新聞にも

「昭武とリヨン」松戸市戸定歴史館蔵

写真が載った。このとき同行したひとりが渋沢栄一である。

　昭武一行は、ヨーロッパを歴訪中にライデンも訪れた。シーボルト自身は前年没していたが、息子のアレクサンダーが通訳として昭武に同行している。

　万博の開催国フランスは、ナポレオン三世の治世下であった。息子のルイ・ボナパルトは昭武より三歳年下である。アレクサンダーにしてもまだ二十歳そこそこ、渋沢も三十歳になっておらず、メンツがフレッシュである。ちなみに渋沢は鏻姫と同い年だ。

　この異国で昭武は、マスチフのような大型犬をプレゼントされた。贈り主はルイ・ボナパルトだったとされる。洋装に身を包んだ昭武が、その「リヨン」と撮った写真が残っている。自分で引き綱をしっかり握っている。

　昭武はフランス語や馬術の練習をしながらパリにいたが、ほどなく大政奉還の報が届き、新政府から帰国が要請された。昭武はリヨンをアレクサンダーに譲り、帰国した。

なぜ連れて帰らなかったかはわからない。

なお、昭武に続いて大々的な諸外国歴訪を行ったのが、岩倉使節団である。明治四年（一八七一）から二年かけて各国をまわった。彼らは渡米もして、グラント大統領に会っている。グラントはニューファンドランド犬の「フェイスフル」を飼っていたと伝わる。

使節団には旧藩主たちとその家臣もいた。

黒田長知（ながとも）は、金子堅太郎・團琢磨と共に使節団に参加した。金子堅太郎の次男は、のちに当時は珍しかった小動物臨床専門の病院を、セレブが多い葉山で始めた人物である。現在は二代目が引き継いでいる。

黒田長知の娘はのちに、鍋島家の世子・直映（なおみつ）に嫁入りした。直映の父の直大（なおひろ）もまた、岩倉使節団参加組である。彼らは愛犬家としても次代を牽引していく。

このときの各国首脳の犬くらべをしてみよう。

岩倉使節団は、イギリスでヴィクトリア女王と対面。これはもう別格の犬好きだ。フランスはすでにナポレオン三世からティエール大統領に治世が移っていた。ベルギー国王レオポルド二世の妃は、ベルギー原産の小型犬ブリュッセル・グリフォンの愛好家だった。現在の五代目中村雀右衛門の愛犬として有名な犬種である。

オランダからドイツへ渡り、ビスマルクと対面した。ビスマルクはレオンベルガーなど

エリザベートと愛犬シャドウ

を飼った記録がある。その後、ロシアでアレクサンドル二世と会見。彼は愛犬「ミロルド」と共に撮った写真が残っている。デンマーク、スウェーデン、イタリアを経てオーストリアへ渡り、ウィーン万博を見学して皇帝フランツ・ヨーゼフ二世と、かの有名なエリザベート皇后に会った。

エリザベートもまた愛犬家で「ホースガード」というウォルクスハウンドの実物大の像が残っている。グレートデン「シャドウ（影）」はお抱えの画家に絵を描かせ、一緒に撮った写真もあり、墓まで残っているので有名だ。ほかにゲデレ（ハンガリー）に「プルート（冥王星）」という黒いプードルもいた。強い抑圧を抱え、鬱状態にあったと言われる彼女の命名センスが印象深い。

使節団はスイスを来訪し、帰国した。

マネ、ルノワールが描かされた「タマ」

この頃からパリで「ジャポニズム」ブームが始まるが、その流れのなかで有名画家が相次いで狆を描く珍事が起きている。

発端は銀行家のチェルヌスキと美術評論家デュレの日本旅行である。二人は大和郡山で狆を買い求めた。名前は「タマ」。宝石という意味の日本語からつけたということだ。デュレはこの愛犬を描けと何人かにせがんだらしい。根負けしたのがマネとルノワールだった。マネはアトリエで物を齧りまくるタマに手を焼いて、噛み散らした人形の傍らに立つタマを描いている。スッキリした立ち姿だ。

対して、犬猫をこよなく愛するルノワールは、タマのひときわ可愛らしい姿をキャンバスに留めた。くりくりした目、くぼんだ鼻、ふわふわの毛並み。いま見ても愛狆家にはたまらない一枚だ。

描かれた犬たちは、後世、大きな影響力を持った。

ルノワールもマネも、極めて詳細に犬を描いた。ビション・フリーゼと一目でわかる犬やグリフォン・テリアと明記された犬。そのなかに、マネの「キング・チャールズ・スパニエル犬」がある（ルノワールも同犬種と思われる絵を描いている）。

第三章でご紹介した十七世紀のチャールズ一世やチャールズ二世の時代にも、スパニエル犬と思われる犬が描かれている。頭部は平らで、耳は高い位置についており、鼻は犬らしくちょこんと出っ張って長めである。上向いても、窪んでもいない。

そもそもスパニエル犬は猟犬種から誕生した。名誉革命でも活躍したマールバラ公（チャーチル首相やダイアナ妃の先祖）はブレナム宮殿で赤茶と白のキング・チャールズ・スパ

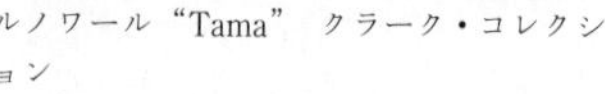

ルノワール“Tama” クラーク・コレクション

手前にタマが放り出した人形がある。
マネ“Tama, the Japanese Dog” ワシントン・ナショナル・ギャラリー

現在の姿。頭が丸く鼻が短く、耳の位置が低い　Arco Images/Aflo 提供

マネの描いたキング・チャールズ・スパニエル

ニエル犬（ブレナム・スパニエルと呼ばれた）を多く飼っていたが、記録によれば彼らは、速歩（トロット）の馬について走ることができたと言われている。が、その後、パグなどアジア原産の丸顔小型犬が流行し、キング・チャールズ・スパニエルの「好まれる姿」が変わっていったという。より小さく、顔は丸く、鼻は短く。

だがルノワールとマネが描いたスパニエルは、それほど十七世紀から変わっていないのである。なるほど少しばかり鼻は短くなったような気もするが、耳はまだ高い位置についているし、鼻もつぶれていないのだ。

『エルギン卿遣日使節録』の記述者オリファントの書くところによれば、彼らは狆を見て「キング・チャールズ・スパニエルに似ている」と思った。アーサー・H・クロウは「キング・チャールズ・スパニエルは十七世紀に英国が日本に派遣したリターン号で持ち込まれた狆の子孫である」という伝説を書き留めている。

しかし彼ら海外勢はみな一様に、狆の鼻ペチャ顔に衝撃を受けている。つまり、キング・チャールズ・スパニエルの鼻はつぶれていなかったのだ。

現在、キング・チャールズ・スパニエルは丸い頭の鼻ペチャ犬だ。明治期の外交官夫人メアリー・フレイザーは狆を「キング・チャールズ・スパニエル」の退化したものだと記している。狆の方が、より改良されていない、原始的な種と感じたわけだ。

おそらくキング・チャールズ・スパニエルは、幕末期の狆とペキニーズの英国上陸をキッカケに、急激に姿を変えられていったのである。

真の意味で、犬のグローバル化が始まったのだ。

コラム 神風連（じんぷうれん）の青年の愛犬「虎」

十年近く前、熊本で西南戦争関係の取材をした。そのとき、熊本市内の桜山神社に神風連（敬神党（けいしんとう））の乱で亡くなった人びとの墓所があるのを思い出して立ち寄った。

境内に入ると、神風連資料館の近くに墓所があり、戦死者たちの墓石が左右に整然と列を成しているのを見て、粛然となり思わず足を止めた。その数は優に百基以上はあるのではないかと思われた。

神風連の乱と言えば、ハリウッド映画『ラストサムライ』（二〇〇三年公開）を思い出す。映画の終盤で渡辺謙率いるサムライ集団は一切銃砲を持たず、刀槍と弓のみで政府軍の軍隊に突撃して散っていく。その古風な戦い方が神風連の人びとを思い起こさせたのである。神風連がラストサムライたちのモデルのひとつに違いないと感じながら映画を観ていた記憶がある。

明治九年（一八七六）十月二十四日、太田黒伴雄（おおたぐろともお）、加屋霽堅（かやはるかた）といった指導者を中心に神風連の百九十余名が刀槍と弓のみで武装して挙兵、熊本鎮台司令長官の種田政明（たねだまさあき）少将や熊本県令の安岡良亮（りょうすけ）を殺害し、鎮台を大混乱に陥れた。

彼らが挙兵したもっとも大きな理由は、同年三月に明治政府が出した帯刀禁止令（廃刀令）への反発である。神風連は神州固有の精神を称揚し、攘夷を主張する復古主義の結社だった。彼らは帯刀禁止令を非難する諫言書を政府に提出した。その冒頭には「我が神武の国、刀剣を帯びるは神代固有の風儀」と謳っていたほどである。

彼らの多くは神社の神官だった。文明開化が主流になっても、チョンマゲに烏帽子（えぼし）を冠し、長剣を腰に帯びていた。銃砲は異国のものだとして排斥していたのである。

しかし、決起は二日目になって、態勢を立て直した鎮台兵によって鎮圧された。太田黒や加屋を始め、百名以上が戦死もしくは自刃している。

自刃したなかに小篠四兄弟がいた。長男一三（二十七歳）、次男彦三郎（二十五歳）、三男清四郎（二十二歳）、四男源三（十八歳）だった。敗北直後、一三と彦三郎が自刃し、二十八日には末弟源三が三兄清四郎とともに谷尾崎の山王神社（現・熊本市西区）で自刃して果てたという（小佐々学「明治九年銘 小篠源三の義犬墓」）。

末弟の源三は「虎」と名づけた犬を飼っていた。虎は主人の死を知ったのだろうか、その墓前に座り続けて動かず、餌を与えても一切食べず、とうとう餓死してしまったのである。墓所の奥まった一角に虎の小さな墓があり、「義犬の墓」と書かれた案内の白い木柱が立っていた。義犬は自己犠牲的な心情をもち、主人や仲間のために殉じた犬たちをいうそうだ。

なお、小篠四兄弟と虎の墓は市内花園の本妙寺にもあり、虎の墓は源三・清四郎の墓と並んで建っている。

義犬「虎」の墓　筆者撮影

第八章　ツンだけではない、西郷隆盛の愛した犬たち

上野公園の銅像　西郷隆盛と「ツン」

ツンのモデルは別の犬

西郷隆盛と犬といえば、何といっても、東京・上野公園の銅像である。犬を連れた銅像というのは珍しい。西郷と犬とは切っても切れぬ縁だったし、生涯の伴侶だったともいえよう。西郷の浴衣(ゆかた)風の姿は西郷夫人糸子には不満だったと伝わるが、泉下の西郷は犬と一緒の姿には満足しているかもしれない。

この愛犬は「ツン」という名前なのは有名だが、実際のモデルはツンではない。西郷銅像の建立は明治二十二年（一八八九）、大日本帝国憲法発布に伴う大赦により西郷の賊名が除かれてから計画され、最終的な完成は同三十一年（一八九八）だった。その頃にはすでにツンは存命していなかったからである。

でも、モデルになった犬はいた。西郷の同郷の後輩で仁礼景範（一八三一〜一九〇〇）の犬で「サワ」という名前だったという。仁礼は明治になって海軍畑を歩み、海軍中将に昇進して海軍大臣も務めている。

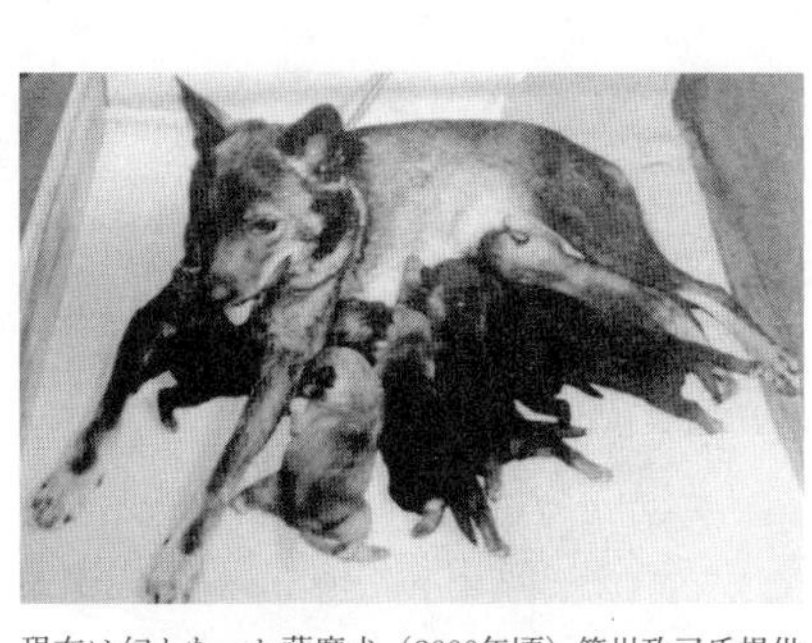

現在は幻となった薩摩犬（2000年頃）箱川政己氏提供

大正六年（一九一七）四月の『時事新報』にツンへの批判記事が出た。おそらく西郷の愛犬にしては貧弱だというものだったのだろう。これに対して、仁礼の三男景雄が同紙に次のような反論を寄稿した（『大西郷兄弟』）。

「（前略）彼の犬は、小生亡父（景範）存命中、わざわざ鹿児島より取り寄せし純薩摩種の猟犬にて、『サワ』という犬をモデルとして作られしものにて、耳立ち、口尖がり、痩軀なるが特徴にて候。彼の犬を見て貧弱なりと評せしは、一外人の由にて、もとより薩州種の猟犬に就いて何ら智識なきものと存じ候（後略）」

ツンもサワも薩摩犬である。薩摩犬は小型の日本犬で兎狩りに適した猟犬だ。いったん綱を解いたなら、兎のいる所まで山深く入って、跡を見失わないように追尾し、ついに主人の前に追い出すという粘り強さが特徴である。一説によると、幕末に舶来したオランダ犬と多少混血しているともいわれる（『長谷場純孝先生伝』）。

サワは桜島産といわれるが、ツンは北薩の上東郷（かみとうごう）村（現・薩摩川内（せんだい）市）で産まれたらしい。西郷が征韓論で下野したのち、明治七、八年頃、梅の名所で知られる上東郷村の藤川天神に参詣したとき、近くに前田善兵衛という住人がいた。狩猟が趣味で一頭の名猟犬をもっていた。それがツンだった。虎毛の左尾で牝（めす）犬。体は小さかったが、兎狩りを得意としていた。よい猟犬には目がない西郷が所望したので、ツンは西郷のものになった。西郷は前田に金（銭二十貫文）を贈ったという。かなり高額である。もっとも、ツンは前の飼い主を懐かしがって、

藤川天神のツン像

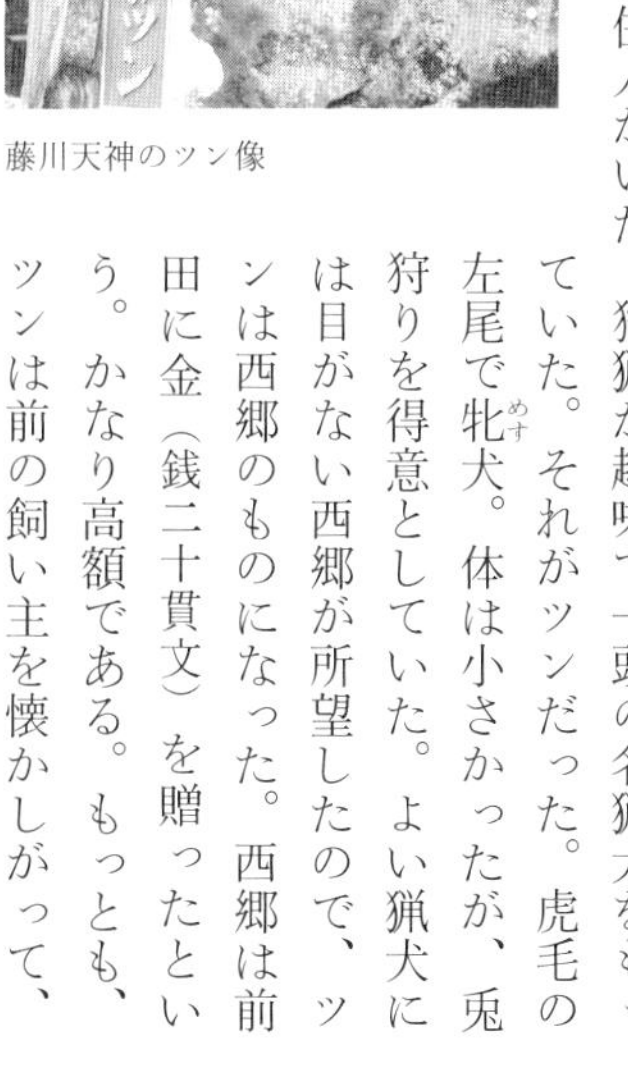

一、二度藤川に戻ってきたこともあったという（『南洲翁逸話』）。現在、藤川天神にはツンの銅像が建てられている。平成二年（一九九〇）の大河ドラマ『翔ぶが如く』の放映を記念して建立されたという。

「ツンが小さすぎる！」

西郷とツンの銅像をどのような形にするかは、関係者の間でいろいろな議論があった。弟の西郷従道（じゅうどう）を始め、従弟の大山巌、松方正義、樺山資紀（かばやますけのり）などの旧薩摩藩関係者のほか、榎本武揚（たけあき）など政府高官も関与している。西郷像を制作した高村光雲によれば、当初は馬上の陸軍大将姿で、軍服、サーベル姿だったという。しかし、政府関係者が承諾せず、第三の試作案である犬連れ西郷像に決まった。榎本の意見が通ったという。さらに薩摩絣の筒袖に兵児帯（へこおび）姿という姿かたちは大山の発案だったという（『西郷隆盛はなぜ犬を連れているのか』）。

ツン像の制作でもひと悶着あった。その制作を担当したのは高村光雲ではなく、後藤貞行だった。彼は馬の彫刻が得意で、皇居前広場の楠木正成像の馬を制作したことでも知られている。

両者の意見の違いについて、光雲の三男高村豊周（とよちか）が兄光太郎から聞いた話として紹介している。後藤は写実の人だったので、最初にできたツンの木像はとても小さかった。これに光雲は不満だった。二人の間で以下のような議論があった（高村光雲『木彫七十年』あとがき）。

「兎狩りの犬は実際はもっと小さな犬なのである。西郷さんは御承知のように人一倍身体（からだ）が大きい。大きな身体（からだ）で小さな犬を連れてあるいているのを、そのまま彫刻すると平均がとれないで滑稽なものになってしまう。犬が小さいとみっともないから、犬は嘘だけれども少し大きめにつくろうということを父（光雲）は後藤さんに話した。すると後藤さんは『いや、桜島の犬は小さいことが特徴なんだから、大きくすれば桜島の犬に見えない』こういって頑張り、なかなかいうことを聞かなかった。しかし実際がいくらちっぽけな犬でも、銅像としてみる場合には、嘘でももっと大きくしてつくらなくては形にならないから、あれは、大きくこしらえてくれということを話して、不承不承、あのくらいにした」

高村と後藤――どちらも彫刻界の実力者で一家言（いっかげん）ある彫刻家だけに、なかなか折り合えなかったという裏話である。実際のツンは銅像よりももっと小さかったというわけである。

兎（うさぎ）追いし狩倉（かくら）

西郷の銅像は上野公園だけでなく鹿児島市にもある。こちらは同市出身の安藤照（てる）が制作したもので、いかめしい軍服姿である。安藤といえば、渋谷のハチ公像を制作したことでも知られる。

鹿児島の西郷銅像が建立されたのは昭和十二年（一九三七）五月だが、それに合わせて、鹿児島県教育会が県内各地での西郷の足跡を調査して逸話集を編んだ。『南洲翁逸話』である。これには西郷に実際会って話をした証言者たちの貴重な逸話がてんこ盛りである。そのなかからいくつか紹介しよう。

まず驚かされるのが、西郷が愛犬たちを引き連れて旧薩摩藩領（鹿児島県と宮崎県の一部）の各地で狩猟（主に兎狩り）をしていることである。狩猟をする場所や区域のことを「狩倉」と呼んだ。例えば、鹿児島近郊の西郷の狩倉では、西郷家の別荘があった西武田村西別府の山（現・鹿児島市西別府町周辺）、吉野村寺山（現・鹿児島市吉野町）などがあった。そのほか、地方では以下のような村々があった。

旧薩摩国
北薩地方　高城郡の高城村、水引村、薩摩郡の入来村
中薩地方　日置郡の永吉村、阿多郡の伊作村
南薩地方　川辺郡の加世田村万世　指宿郡の山川村鰻温泉
旧大隅国

姶羅郡　国分村、敷根村、溝辺村、日当山温泉
肝属郡　鹿屋村高須、大姶良村、高山村
大隅郡　小根占村、大根占村

旧日向国
諸県郡　飯野村白鳥温泉

旧薩摩藩領の至る所を駆け回っている印象がある。このほかにも、南薩の山の寺（現・南九州市川辺町宝福寺）、大隅の鹿屋新城、内之浦、佐多、栗野なども狩倉だったようである（『南洲先生新逸話集』）。しかも、西郷の狩倉は温泉場に近かったのも特徴である。狩猟でかいた汗を温泉で洗い流すことが多かった。私も西郷の狩猟先をいくつか巡ったが、温泉地が多かった。

では、西郷はどのようにして狩りを行ったのだろうか。西郷は若い頃から狩りを行い、奄美大島潜伏時代にも猪狩りをしたという証言がある。本格的にやるようになったのは、征韓論に敗れて下野、帰国した明治六年（一八七三）暮れから西南戦争までの三年余りである。しかも、西南戦争中も愛犬たちを連れて狩りをしていたとさえいわれる。

西郷の狩りの対象はほとんど兎で、その手段はワナ猟だった。上野の西郷像で左腰の兵

児帯にくくりつけてあるのがそのワナの麻糸だという。この兎狩りがどのようなものだったのか、西郷と親交があった後輩で、のち衆議院議長になった長谷場純孝（はせばすみたか）が詳しく解説してくれている（『長谷場純孝先生伝』）。

それによれば、兎の通り道は決まっているという。南国の鹿児島は草木が盛んに茂っているため、兎の通路は草木のトンネルになっていることが多い。そこにワナを仕掛けるのである。ワナは山にある木の枝を二尺（約六〇センチ）ばかりに切って、その先に糸を結ぶ。枝を二つに裂いて地面に刺して三角形にする。その真ん中に糸の輪っかをつくって左右の枝に切り込みを入れて挟み込む。これでワナの出来上がりである。上野の西郷像にある腰の脇差はこのワナの材料となる枝木（もしくは竹）を切るためのものだという。

そうした上で、犬を放つと兎を見つけて追いかける。兎が日頃の通路を逃げると、仕掛けてあったワナにかかり、枝木ごと引きずって走る。そのうち、枝木があちこちに引っかかって逃げる速度が遅くなったり、動けなくなったりする。そこを追いかける犬たちが捕らえるという具合である。

大隅の日当山温泉周辺での狩りで、地元の古老が目撃した西郷は「首に竹ナワをかけ、小指を口に喰わえ『ハト』を吹き乍（なが）ら、愛犬を呼ばるる姿」だったという。首に掛けた竹ナワは右の枝木のワナの代替品だろうと思われる。V字になっているから首に掛けられるわけである。また西郷は「ハト」と呼ばれる指笛で犬たちに合図をしていたというから、兎狩りに慣れたベテランの域に達していたようだ。「ハト」は奄美大島や沖縄の歌謡で今もよく使われている。西郷も奄美潜伏時代に覚えたのかもしれない。

犬連れ温泉旅

西郷が本当に狩猟が好きなことがわかる証言がある。明治になってから十代後半で西郷家に下僕として奉公した中間（なかま）長四郎は次のように語っている（『南洲翁逸話』）。

征韓論政変で下野した直後の明治七年（一八七四）一月末、西郷は県内各地を巡る狩猟の旅に出かけている。長四郎のほか熊吉、市、弥太郎の四人の従者が同伴し、犬六頭を連れるという大がかりなものだった。その旅程をたどってみよう。

①鹿児島の対岸の桜島に渡り、島東端の黒神（くろかみ）に三、四日滞在。
②船で南下して指宿に行き、二月田（にがつでん）（島津家の湯治場）に一週間滞在。
③徒歩で西に向かい鹿籠（かご）（現・枕崎市）に一泊。
④北上して加世田で島津氏中興の祖、日新（じっしん）公を祀（まつ）る竹田神社に参拝、阿多郡伊作湯之元の田部氏宅の湯治人小屋に三十余日滞在。
⑤さらに北上し、日置郡市来（いちき）（現・日置市東市来町）の湯之元に一週間ほど滞在。

西郷隆盛ゆかりの狩猟地と温泉。池田芳宏「西郷隆盛と温泉」『敬天愛人』33号（2015年）を参考に作図

ここで西郷の親類の市来家（西郷の妹琴の婚家）に病人が出たという通知を受けて、旅を切り上げて帰宅した。

この五ヶ所の宿泊だけで五十日間も費やしている。しかも、ほとんど狩倉と温泉地が重なっているのも特徴である。親類に病人が出なければ、西郷の旅はもっと長く続いたのではないかと思われる。

下僕の長四郎は西郷の出で立ちについても証言している。

「檀那（西郷）の服装は今の厚司の如き形の毛織物を着られ、狩帽子を冠られ、股引を着け、鷹野足袋を穿ち、山草履を附けられた。狩りに行かれる時も道中せられる時も、同じ服装であった。（中略）徒歩にて馬にも駕籠にも乗られしことなく、狩りに行きては山坂は達者で道は早い人であった」

そのほか、同書から西郷と犬たちの逸話をいくつか紹介しよう。

西郷がよく訪れたのが北薩の高城村湯田温泉である。村の古老の談では、西郷は供一人と犬三頭を連れてきた。父親がいつも卵を買いに行かされ、西郷はそれを犬たちに与えていたという。兎狩りの獲物が多ければ、村人にもそれを分け与えたりした。そして「自分は食うことよりも狩ることが楽しみだ」と語っていた。

南薩の山川鰻温泉の逸話は異色である。明治七年（一八七四）二月十三日夕刻、西郷がふらりと鰻温泉を訪れると福村市左衛門方に宿をとった。従者二人のほか、なんと犬を十三頭も引き連れていた。

西郷は雨天以外は毎日のように狩りに出かけた。犬は毎日四、五頭ずつ交代で連れて行った。不猟はほとんどなく、獲物は西郷自ら料理して食べたり、家主の家族にも分け与えたりした。また西郷の食事は和食が主だったが、当時はまだ珍しい缶詰、牛酪（バター）なども持参していたというから、いかにも明治政府の元高官だった。

いちばん大変だったのは多数の犬たちの食餌である。家主の市左衛門は西郷の依頼で、毎日のように近くの山川港まで魚を買いに行かされ、駄馬で運搬したという。

西郷は悠々自適にみえたが、ここで政治的な出来事が起こった。三月一日、元司法卿の江藤新平が密かに訪ねてきたのである。江藤は征韓論政変で西郷を支持し、共に下野した。しかし、帰国して挙兵した佐賀の乱に敗れて薩摩に逃れ、西郷への面会を求めてやってきたのである。

江藤は西郷に決起を促しに来た。しかし、西郷はそれに応じなかった。このとき、両者の会見を聞いていた市左衛門は話の中身はわからなかったが、両者が次第に激論となったという。温厚な西郷が腕をまくり上げ、「何度言っても私の言葉に従われないと、あてが外れますぞ」と大声で江藤を叱責した。ほどなく江藤は日向方面に旅立ったという。

三月九日朝、西郷は従者と犬を連れて鰻温泉を発つことにした。出発に際して、西郷はお礼として犬一頭をあげようと申し出たが、市左衛門は「犬は恐ろしいから」と辞退した。すると、西郷は着ていたフランネル製の襦袢（じゅばん）を脱いで与えた。フランネルはネルともいい、厚手の毛織物であり、当時は舶来品で珍しかった。市左衛門はこちらは有難く受け取った。

のちに息子の平左衛門がこの襦袢を着て、日清、日露の両戦争に出征したが、弾に当たらず無事帰国したので、福村家ではこれを家宝として大事にした。これを実見したことがある。大柄な西郷が着しただけに大変大きく、今の寸法でいう3Lか4Lはありそうだった。

なぜ狩猟にのめり込んだのか？

大隅半島南部の小根占（こねじめ）にも西郷はよく滞在している。定宿は平瀬十助宅だった。明治八年（一八七五）以降、三度も訪れている。一度目は同年三月で三日間くらい、次は翌九年二月頃で四、五日、三度目が同十年一月二十四、五日頃から二月二日までの九日間だった。だいたい一年ごとに滞在していることがわかる。

とくに三度目は西南戦争が勃発する直前である。風雲急を告げていた。政府が鹿児島県に密偵を派遣したという噂があったので、西郷の周辺にも私学校党による警固四人がついたという。西郷が狩猟から平瀬宅に帰って来たとき、そのうちの一人が西郷の猟銃に興味を示した。西郷は兎狩りだけでなく、たまに猪撃ちもしていたらしい。

その猟銃は二連銃で一発はすでに撃っており、残りの一発はまだ装填したままだった。警固の若者が誤って引き金に触れたのか、突如暴発して天井板を貫通させてしまった。これには病床にあった十助の老母が非常に驚いた。警固の四人が恐縮して「切腹してお詫びしたい」と申し出たところ、西郷は「腹を切ったら痛かろよ。血が出るもんじゃが、そげん馬鹿な事をしやるにゃ及ばん」と笑って許したという。ちなみに、平瀬宅は無住だが現存しており、このときの暴発の痕跡が現在も残っている。

西郷は平瀬宅に三頭の犬を連れてきた。鎖でつないで卵や魚肉を与えて可愛がっていたという。ところが、二度目の来遊のとき、黒犬とカヤの牝犬が失踪したことがあった。黒犬はすぐ帰って来たが、カヤのほうは村人総出で探したものの、とうとう見つからなかった。西郷はひどく落胆していたそうだ。ちなみに、カヤは犬の毛色のことで、榧（かや）の実のように黄色味がかったものを呼ぶのだろう。

家主の十助は西郷の兎狩りにも同行している。そのときの西郷の様子が非常に興味深い（『南洲翁逸話』）。

「翁（西郷）はあの肥大な体軀に似ず、兎狩りの時などの山歩きは大へんすばやかったもののようでお伴した十助氏などはいつも後れがちであった。或る時、塩入（地名）の山で犬が兎に追い付いて捕らえた時など、ほんとうに猿の様なすばやさで其の場に駈け付け、（中略）とにかく山歩きは達者であられたようである」

西郷が山歩きに非常に達者で、兎狩りのときはとりわけ敏捷だったという関係者の証言が多い。一〇〇キロを超えた巨体にしては驚異的である。

実をいうと、征韓論政変での下野直前、西郷は極度のストレスと肥満が原因の体調不良に悩まされていた。とくに肥満については、明治天皇から格別に医師を派遣され、瀉薬療法と麦食主体の食事療法を施された。瀉薬療法では下剤を飲まされて一日数度の下痢を催し、西郷を苦しめた。次第に衰弱していく西郷は前途を悲観して死を思い詰めるほどになる。征韓論が政府で大きな論争になったとき、いわば「最後の御奉公」として、西郷は朝鮮国への使節を望んだのではないかともいわれている（『西郷隆盛と幕末維新の政局』）。

ところが、下野して帰国し、愛犬たちを引き連れて狩猟で山野を駆けめぐるうちに、西郷はめきめきと体調を回復した。煩わしい政治や人間関係のストレスから解放されたばかりか、連日のランニングやウォーキングによる有酸素運動が西郷を元気はつらつとさせたのである。鹿児島には「山坂達者」という言葉がある。江戸時代の薩摩武士団における郷中教育という青少年教育のひとつで、今日のクロスカントリーのように山野を踏破して身体を鍛錬する運動だった。この時期の西郷はまさしく「山坂達者」だった。関係者も驚く西郷の兎狩りで見せた敏捷な動きにはこのような背景があったのである。

それにしても、西郷の狩猟へののめり込みは尋常ではない。これに疑問を抱く人もいた。例えば、下僕の中間長四郎は疑問というほどではないが、狩猟中の西郷の不思議な行動を証言している。

「檀那（西郷）は狩りに行かれし時は、兎狩りより絵図面を取らるるのが重なる仕事であった。高い所に登り四方を眺めつつ下僕の熊吉や市に図面を書かさせた。図は山は山の形に、そして川や道路などが書き入れてあった。紙は掛物用の種類であったようだ。二尺四方位の広さで、方針（コンパス）を用い、方位が定めてあり（後略）」

西郷は狩猟の傍ら、高所から俯瞰して地図を作成していたのである。これはいわゆる兵要地誌の真似事だろう。兵要地誌とは軍事的観点から地図や地勢を精密に作成したものである。明治になって陸軍省がその作成を始めている。かつて西郷も唯一の陸軍大将としてその総帥だっただけに、軍人的な気質がなさしめた行為だったかもしれない。

もうひとつは中薩伊集院の学者本田愛蔵の談話である（『南洲翁逸話』）。

「西郷が狩りは慰めとすれば度が過ぐ、あれには主意があった事と思う。彼の体が肥満する質であるからこれを防ぐためと、山野を跋渉して鍛錬し、国家事ある時強健なる体を以て奉公せん心があったからであろう」

正鵠を射た指摘ではないだろうか。前段の肥満解消はすでに触れたから、後段に注目すべきだろう。西郷は悠々自適の隠居生活を送るつもりはなかったというわけである。それを裏づける史料がある。幕末に藩主島津斉彬の集成館事業のスタッフを務め、明治以降は同久光の側近となり、修史事業に尽力した市来四郎によれば、下野後の西郷がその心中を次のように語ったという（「丁丑擾乱記」）。

「今後皇室の大事或いは外難あるに臨んで斃れんの決心なりと語れりとなむ」

西郷は「皇室の大事」か「外難」（外交上の重大事）が起きたら死力を尽くすつもりだというのである。決して引退するつもりではなく、自らの出番の機をうかがっていたといえそうである。いざというときのためにも日頃の鍛錬で自身の健康を増進させていたという見方もできるかもしれない。

「攘夷家（じょういか）」、「寅」、個性豊かな犬たち

西郷の愛犬は冒頭の「ツン」だけではない。西郷は生涯、数十頭の猟犬を飼っていたと思われる。そのうち十数頭の犬の名前がわかっている。とくに印象的な犬を何頭か紹介したい。

○南薩の名犬「雪」

南薩の川辺郡小松原に平川与左衛門という兎狩りが好きな人がいた。猟犬を多数飼っていたが、そのなかに「雪」と名づけた牝犬の逸物がいた。譲ってほしいという申し入れがあったが、亡父が決して他人に譲るなと遺言していたので誰に対しても断っていた。

雪の評判を聞きつけたのが、下野して帰国したばかりの西郷だった。西郷は名犬だと聞いて欲しくてたまらず、末弟の小兵衛（こへえ）に下僕の永田熊助を付けて平川家に行かせた。小兵衛は来意の目的を告げずに、雪の狩りの様子を見せてほしいとだけ頼んだ。そして一週間滞在して狩猟に付き合い、雪が類い稀な猟犬であることを知った。

そこで小兵衛は、先代の遺言があるから譲ってほしいとはいえない、ただしばらく借り受けたいと交渉した。これには与左衛門も断り切れず、ついに承諾した。小兵衛は兄から預かってきた桐箱一個をお礼に贈った。

桐箱には刀装具の縁頭（ふちがしら）と目貫（めぬき）が入っており、金拵えの名品だった。縁頭は柄頭（つかがしら）ともいい、刀の柄の先端につける金具のことである。西郷が陸軍大将に任ぜられたとき、恩賜の拝領品だったという。雪の値打ちが知れるというものである。余談ながら、この縁頭と目貫は現存しており、二〇一八年の大河ドラマ『西郷（せご）どん』関連の展示会でも出品されている。

小兵衛が雪を預かって帰るとき、与左衛門一家は涙を拭いながら見送ったという。ところが、数日後の未明に戸口でかすかな犬の声がする。家人が戸を開けてみたら、まさしく雪で、尻尾を振りながら中に入ってきた。

その後、西郷の下僕の熊助がやってきた。犬数頭を散歩させているとき、雪が脱走してしまったという。熊助はきっと主人の家に帰ったに違いないと、当たりをつけて来てみたら案の定だったというわけである。

西郷は雪が戻ってきたので大いに喜んだ。そして兎狩りに連れて行ったところ、なんと、十一羽の獲物があったという。その後、雪は西郷秘蔵の猟犬になったようである。

○黒毛の「攘夷家」

これもまた南薩川辺郡の犬である。中条良正という人が西郷に贈呈した犬である。川辺郡には島津家の牧場があり、多数の番犬が飼育されていた。そのなかに、黒毛で首に白い斑点がある犬がいた。「ゴジャ」という名前がつけられていたという（『南洲先生新逸話集』）。

西郷に譲られてから、ゴジャは「攘夷家」という風変わりな名前になった。なぜかといえば、洋服の人を見ると、猛然と吠えかかって咬（か）みついたからである。それほど気性が激しかったが、西郷が「攘夷家」と呼べば、尻尾を振って近寄ってきたという。

兎狩りでも活躍したそうだが、西南戦争の頃には老齢で、西郷は連れて行かず、西別府の別宅の留守番をしていたという。

○祇園で遊び、肖像画にも描かれた「寅」

明治維新前後、西郷は二頭の犬を京都に連れて行ったという。一頭は「雪」や「攘夷家」と同じ川辺産。黒毛の牡で「ソノ」という名前だった。もう一頭は加治木（かじき）の小浜半之丞から贈られた溝辺（みぞべ）（旧大隅国姶羅（あいら）郡）の「寅（トラ）」である。毛色が虎斑だったのでそう呼ばれた（『南洲先生新逸話集』）。

幕末の激動期、西郷はこの二頭を連れて洛外で狩猟をしたこともあった。ときには祇園の花街にも出かけていった。祇園の名妓（めいぎ）として知られた君尾は木戸孝允や大久保利通にも愛妓がいたことを語りながら、西郷については次のように述べている（右同書）。

「西郷様の愛妓は風変わりのご愛犬二疋でした。西郷様はよく愛犬とともにご入来になって、鰻の蒲焼きを犬の分までご注文をして愉快そうに愛犬とご一緒にこれを喰われ、犬の頭を撫でられたりして、四方山（よもやま）のお話に興じて帰られました。わたしは西郷様こそ、粋人（いきじん）

床次正精「西郷隆盛肖像」鹿児島市立美術館蔵

中の粋人様と思いました」

一説によれば、寅はオランダから将軍家斉に贈られた蘭犬の血統を引いていたともいう（『南洲翁逸話』）。寅は西郷が明治四年（一八七一）に上京して東京の廟堂にあったとき、郷里の武村の自宅で留守を預かり、天寿を全うしたという。

西郷は写真がないことで知られる。その代わり肖像画は多数ある。そのなかで同郷の後輩の洋画家床次正精（一八四二〜九七）が描いた陸軍大将の正装で仁王立ちした有名な肖像画がある。その足許に主人を見上げる犬が描かれている。これが寅だといわれる。

○西南戦争で別れた最後の愛犬たち

西郷の終末は西南戦争での自害である。戦争終盤、西郷軍は政府軍に追い詰められて宮崎県延岡近郊の長井村に逼塞していた。明治十年（一八七七）八月、西郷はついに全軍に解隊命令を出した。そして西郷は身近な親衛隊とともに、政府軍の意表を突いて難所で知られる可愛嶽を突破、一路郷里を目指した。

可愛嶽を登攀する前、西郷は戦争中ずっと一緒だった犬三頭を放した。次の犬たちである（『南洲先生新逸話集』）。

①「チゴ」（稚児か）佐志（旧薩摩国伊佐郡）産の黒斑

②「カヤ」　郡山（旧薩摩国日置郡）産の茅毛

③名前不明　黒斑

放された三頭のうち、黒斑のチゴは生家の押川甚左衛門宅に戻ってきた。カヤは長井村で政府軍の警視隊巡査に捕まえられた。残りの黒斑は行方不明である。なお、捕獲されたカヤかと思われる犬を、東条直太郎という政府軍兵士（元薩軍兵士で投降）が預かっていたが、西郷の弟従道から貰い受けたいという申し出があったので贈ったという異説もある。直太郎はかつて日当山温泉で西郷の狩りの案内をした青年だった（『南洲翁逸話』）。

可愛嶽を越えるとき、西郷に同行した兵士の中尾甚之丞は犬の遠吠えを聞いたという（右同書）。

「険しい絶壁の下には立ち遅れた先生（西郷）の愛犬が異様な悲鳴を揚げて立ち吠えをな

すので、敗軍の身一入（ひとしお）断腸の思いがした」
主人に見捨てられたと思った犬たちの悲痛な遠吠えは、西郷の耳にも届いていたのだろうか。

愛犬を詠んだ漢詩

西郷は漢詩をよくした。『西郷隆盛全集』第四巻には、西郷の漢詩が一七九首収録されている。圧倒的に七言絶句が多い。そのなかに狩猟での犬たちを詠んだものが七首ある。西郷と犬の情景が浮かびやすい二首を書き下しで紹介してみよう。

三五　田猟（でんりょう）
兎を駆り林を穿（うが）ちて苦辛（くしん）を忘れ、
平生食を分（わか）ちて犬能（よ）く馴（な）る。
昔時（せきじ）田猟に三義有り、
道（い）う勿（なか）れ荒耽（こうたん）第一の人と。

「田猟」とは山野に出て狩りをすることである。それには「三義」、すなわち三つの意義があるという。中国の古典『礼記』によれば、第一に祖先の廟に供えるため、第二に武備を忘れぬため、第三に田畑の害を防ぐためだという。西郷の狩猟はそれらのどれにもあたらず、単なる道楽ではないかと陰口を叩かれていたのかもしれず、それに反発したい気持ちがあったか。犬たちは食事を共にしていたからよく馴れていると、西郷が犬の頭を撫でながら眼を細めている様子が想像できる。

五九　山行

山行は全く薬に勝り、
連日晴と期す。
兎を追うて栖伏を捜り、
獒を駆って険夷を忘る。
帰来常に食を節し、
浴後疲れを知らず。
道うを休めよ猟遊の事、
只少壮の時に宜しと。

山行とは山遊びのことだが、猟で山を駆けることが何よりの健康のもとだと西郷もよく自覚していた。栖伏は兎の隠れ処であり、西郷は犬と共にそれを懸命に捜している。いざ兎を見つけると、西郷は険しい山道だろうが、平坦な道だろうが、犬たちと一緒に無我夢中で追いかける様子がわかる。狩りのあとに温泉に浸かると一日の疲れも吹き飛ぶほどの心地よさである。狩りは私の唯一の楽しみなのだから、あれこれ文句を言わないでほしいと締める。

まさしく西郷の狩りにかける楽しさや醍醐味がよく表れている詩である。

西郷は多数の犬を飼い、狩りの友とし、人間同様の食事を与え、死の直前まで行動を共にした。漢詩の題材に取り上げるほど犬たちと親しみ、慈しんだことがよくわかる。わが国で犬との交情がもっとも厚い人といえば、やはり西郷を第一に挙げるべきだろう。

コラム 新政府の「犬の首輪作戦」

西郷の犬の可愛がりようは格別で、西郷家にはわざわざ「犬飼」という犬の世話係を置いていた。鰤を米に混ぜて炊き込んで食わせたり、桜島の鰻屋を訪れたときは、従者だけでなく犬たちにも一頭ずつ鰻丼を食べさせたというぜいたくぶりだった。

　犬への愛情は人一倍で、それは首輪の選定にも及んでいた節がある。西郷が下野した翌年の明治七年（一八七四）、ヨーロッパに軍事研究のため留学していた従弟の大山巌（当時、陸軍少将）が急遽、政府の命で日本に呼び戻された。西郷の東京召還と政府復帰を促すため、鹿児島に使者として派遣するのが目的だった。征韓論政変によって、薩摩閥は西郷派と大久保派に分裂した。だが、両派の和解を進めて西郷を政府に復帰させようという動きが起こった。これには大久保利通の意向も働いていたと思われる。

　そこで白羽の矢が立ったのが大山である。滞欧中の大山は両派の対立とは距離を置いて中立だった。しかも、西郷の親族である。西郷召還を実現するのにこれ以上の適役はいなかった。

　帰国した大山はさっそく鹿児島に帰って西郷に上京を説いた。しかし、一ヶ月滞在しても西郷はうんと言わなかった。説得を断念していったん帰京した大山は諦めずに別の作戦を実行した。西郷に犬の首輪の見本をいくつか送ったのである。

　すると、西郷が反応した。大山宛ての西郷書簡が残っている（『西郷隆盛全集』三）。それによれば、ひとつは舶来品よりもよいけれど、緒（リード）を三寸ばかり（一〇センチ弱）長くしてもらいたい。もうひとつは首輪の幅を広くして緒の長さも五寸ばかり

（約一五センチ）ほど伸ばしてほしいと注文をつけている。

大山はおそらく西郷の注文に応じたのだろうが、西郷は肝心の要件はやんわりと拒絶した。大山は犬の首輪をだしにして、西郷を欧州視察に誘ったのである。当時、フランスとプロイセンの戦争が再発しそうな雲行きだった。軍人西郷なら関心を示すのではないかと、大山はもくろんだが、西郷はもうすっかり「農人」が身についてしまったという理由で断ってしまったのである。

大久保率いる明治政府は、西郷と巨大な軍事力を誇る鹿児島士族を切り離そうとしていた。大山を介して最初は政府復帰を求め、それが失敗すると、今度は西郷を欧州視察に連れ出そうとした。しかし、どちらも失敗してしまった。いかに犬好きの西郷とはいえ、そう簡単に犬の首輪作戦に引っかからなかったという顚末である。

なお、大山巌も犬好きだった。その伝記『大山元帥』によれば、初めは猟犬として飼っていたが、晩年はペットとして可愛がっていたようである。ゴールデンセッターの牡（おす）二頭と牝一頭がいた。牡のほうは「しんぺい」「くの」、牝は「みや」と名づけていた。そのうち、「みや」と「くの」の間に仔犬が五頭産まれた。親戚から所望され、そのうちの三頭を与えることになっていたが、どういうわけか、大山は可愛さのあまり手放しかねて、その死後も大山家に残っていたという。

第九章　国交われば 犬がくる——明治の愛犬家

狂犬病の流行

新時代の愛犬史は、パストゥールが狂犬病ワクチンの接種に成功した、明治十八年（一八八五）を特筆してから始めたい。西郷が没して八年後である。もっとも日本で狂犬病が根絶されるまでは、なお七十年以上が必要であった。

令和の今日でも、狂犬病は世界中で現役の感染症である。致死率は今なお極めて高く、警戒が必要である。多くの哺乳類が罹る病なのだ。

明治初年、東京番人規則で「路上に狂犬あれば之を打殺し戸長に告げ之を取棄る手続きをなすべし」と制定された。

嘉永五年（一八五二）、文久元年（一八六一）などに「犬病流行」の記録がある。

明治三年（一八七〇）、狂犬病は再び東京都下で発生した。明治六年、東京府畜犬規則が定められ、「首輪の装着と飼い主の住所氏名の明記と不装着犬の殺処分、狂犬は飼い主が殺処分し、道路上に狂犬がいるときは警察官はじめ誰でもこれを打殺し、経費は飼い主が負担すべき」「畜犬が人を殺傷したときは誰でもこれを打殺し、飼い主は補償金を支払うべき」となった。

首輪のない犬は打ち殺された。しかも「警察官はじめ誰でも」打ち殺したのである。人命に関わるとはいえ、特に愛犬家には堪えがたかったに違いない。事実、法令が出てからは、自分の犬でなくても首輪をさせ、護ろうとした者がいたという。

犬の撲殺戦は凄まじかった。明治二十六年（一八九三）に長崎で大流行した際は、実に七三五頭が撲殺され、そのうち狂犬は四十八頭だったという。明治四十年（一九〇七）、北海道では野犬・畜犬合わせてなんと一万三四四二頭が殺処分と記録されている。

明治三十五年（一九〇二）に内田魯庵が書いた『犬物語』という小説がある。『吾輩は猫である』に先駆けて出版された「動物の一人称小説」だ。

主人公は「尋常の地犬」である。本犬曰く「雑りツけない純粋の日本犬」で、生い立ちはこうだった。

> 俺の母犬は俺を生むと間もなく暗黒の晩に道路で寝惚けた巡行巡査に足を踏まれたの

で、喫驚(びっくり)してワンと吠えたら狂犬だと云つて殺されて了(しま)つたさうだ。

こんな犬が大量にいたのだろう。人びとは、たとえ自ら手を下さなくても、何度も何度も、路上で犬が殺されるのを目撃しなければならなかった。

大正五年（一九一六）、神奈川県での流行で、愛甲郡の清来寺住職ら有志十六名が、被害犬の遺骨を集めて犬形石像の墓碑を建立した。昭和二年（一九二七）には千葉県警察本部衛生課長が発起人となり、犠牲犬の慰霊碑建立のため募金活動が行われ、「弔犬之碑」が建てられている。撲殺を奨励された警察内部でも、しのびないという者はいたのである。

その後、規則は少しずつ改定され、狂犬病の疑いのある畜犬はまず隔離という段階が踏まれるようになる。また第二次大戦後、警察関係法令が改正され、警官は直接防疫には携わらなくなった。

それでも、もちろん、犬を愛する人びとはいなくならなかった。

『武士の絵日記――幕末の暮らしと住まいの風景』には、十人扶持の下級武士の家に、大型犬がのんびり座っている絵がある。屋内で、しかも客が来て食事しているときに（！）室内にいるのだ。垂れ耳・垂れ尾の赤犬で、名前は「福」。老犬のように見える。夫婦と共に暮らし続けてきたのだろう。なんとも好ましい光景ではないか。

狂犬病が流行ろうと、やはり放し飼いが多かったのは外国人の証言にもある。

ウィリアム・エリオット・グリフィスは『明治日本体験記』のなかで、片目がつぶれた黒い洋犬について書いている。その犬は「アメリカの犬で横浜から大名の従者について」やってきた。しかし彼が住んでいるのは福井なのである。遠い！

片目なのは、百姓が草刈り鎌で殴ったからだ。もともとの飼い主は英語話者だったらしく、グリフィスには尻尾を振った。「残った丸い目にいっぱいの愛情をたたえて見てくる」のでたまらないと書いている。しかし住民たちは「あのカメヒアを見ろよ、まっくろけだ」と笑っていたそうだ。カメヒアとは洋犬のことで、外国人が犬に向かって「Come here」と呼びかけているのを名詞と勘違いし、日本語にしたのだ。カメとも言った。

日本人の犬との付き合い方は、ある意味で複雑だった。放し飼いの、時として凶暴になる地犬たちを許容していたが、厳密な「飼い主」は多くなかった。そのためか、傷つける者もあまり気兼ねしなかった。ロバート・フォーチュンも、従者が足蹴にしたりムチで打ったりする様子や、刀痕のある犬について書き残している。

生き生きした描写に優れた『英国公使夫人の見た明治日本』で、著者のメアリー・フレイザーは、日本人の動物観について考察している。

路上生活者と添い寝する犬。昇齋一景「東京名所三十六戯撰　神田明神前」国立国会図書館蔵

日本人の動物の扱い方は、私には謎めいています。時には彼らは動物たちに献身的で、ちょうどイギリス人が自分の犬や馬に親切で気配り充分なのとかわるところがありません。しかし別の時には、彼らは動物たちの苦痛にずいぶん冷淡な無神経さを示すのです。私が見たところ、彼らは自分たちが所有している生き物には親切で、他人の生き物には無関心なのです。

オリファントは日本の地犬のことを「つやつやした、よく肥えた図々しい獣で、主人はいないが部落に育てられている」と書いた。「コンスタンチノープルのみじめで汚らしい野良犬」や「インドの宿なし犬」とは違うという。

メアリー・フレイザーも「地犬」について「中型の雑種で、毛なみがやわらかく、肉付きよく、臆病で、とにかく犬の世界ではいたる所で見かける」と、その平凡さに魅力は感じないものの、みじめな様子はないと判定している。

日本は、中型で茶色い平凡な犬が、主も定まらずにウロウロしている国。首のまわりにフリル（メアリーによればトビー・カラーと呼ぶらしい）をつけた、目の飛び出た狆が大事にされている国。

ほかの国と同じように狂犬病に悩まされ、そのためには路上で犬も殴り殺す国。

そこに、外国人と洋犬が、共になだれ込んできたわけである。

セレブリティ、猟にハマる

結果として、開国は日本犬にとって、また別の受難の幕開けとなった。

外国人に当初大いに戸惑った日本人だが、わりとすぐに慣れた（おわかりだろう）。が、洋犬たちの魅力は、長く新鮮さを保ったようだ。

『エルギン卿遣日使節録』には、下田を通りかかった際、自分たちがそれほど好奇の目にさらされていないのに気がついたとある。が、一行が連れていた犬だけは、常に人に囲まれていた。その犬はスコティッシュ・テリアそっくりだったが、実際は中国で手に入れたもので、純血種ではなかった。だがこの長毛の犬が歩いていると、人も犬も一様に、「少なからぬ興奮と興味を持って」迎えたという。

さらに、狩猟を趣味とする富裕層が登場した。狩猟には猟犬が欠かせない。

要人の妻の洋行も珍しくなくなっていく。岩倉使節団には津田梅子を始めとする少女たちが参加していたが、夫人同伴者はいなかった。が、やがて、国際派は夫人同伴で渡航するようになり、国際結婚も急増した。

洋行先では、要人たちが夫人と共に社交の場に現れ、彼女たちは時に愛玩犬を伴っていたろう。海外のセレブの報道も多くなり、愛犬を従えて結婚式を行った富豪令嬢の記事などが紹介された。

まず、来日外国人たちが持ち込んだ洋犬が、各地で評判になった。

横浜の外国人居留地の番地が、そのまま伝説のように残っている。「十五番館の英国人ギブス氏のセッター」とか「八十一番館の英雑貨商ベルダンのポインター」などである。

一川芳員「異人屋敷料理之図」『古登久爾婦里』国立国会図書館蔵

日本橋や銀座の目立つ商店なども洋犬を置いて、話題になっていた。

その後、セレブが個人的に輸入を始める。例えば「幕末のプリンス」徳川昭武である。

ナポレオン三世の皇子から貰った「リヨン」を、泣く泣く置いて帰国した昭武は、英国から一六五ドル支払って猟犬を購入したことなどが報道された。昭武の別邸だった松戸の戸定邸には彼が記した「猟犬覚」や「トム」「レナ」「ハツ」の写真が残っている。実兄の徳川慶喜とは、一緒に狩猟を楽しむ仲だった。

ちなみにこの「百六十五ドルの猟犬」と共に報じられたのが「百三十八ドル」でアメリカ人から買った川村伯爵の犬である。川村純義は、のちに昭和天皇の養育係を務めた。

ポインターらしき仔犬と撮った寺島宗則一家の写真もある。宗則は薩人の蘭学者で、島津斉彬の侍医を務めていた。福沢諭吉らと文久遣欧使節団に参加。長男の誠一郎も洋行組である。夫人は三井高利の娘だ。

きちんと揃って写る家族写真に、犬も、という意識が芽生えていたと思われる。

「トム・レナ・ハツ」松戸市戸定歴史館蔵

そして当然の流れだが、いっそ自分で殖やそうか、という者も現れた。その筆頭が、三菱財閥のオーナー一家として知られた岩崎家である。

弥太郎の息子・久弥などかなり積極的だったようだ。久弥の妻は、会津戦争を狆とくぐり抜けた照姫（松平容保の義理の姉）の姪にあたる。

彼らが輸入したのは、猟犬の花形である英国産セッターやポインターだった。久弥の息子の彦弥太が、当初は別邸としていた殿ヶ谷戸庭園（国分寺市）も、当初は犬の繁殖もできる立派なケンネルを備えていたという。

岩崎家は本業の貿易業の傍ら、各地で農業開発をさかんに行っており、まだ多く残っていた自然豊かな土地を熟知していた。鈴木哲など専門の係の元で、猟犬の飼育と訓練に力を入れたという。

なお、かつての柳沢家下屋敷・六義園は、明治初年に岩崎弥太郎が購入した。昭和になって東京都に寄贈され、現在に至っている。

純血種の受難

国内におけるスポーツとしての狩猟ブームは、日露戦争後の村田銃の払い下げがきっかけと言われる。猟犬には、スペックが必要だ。まだ日本には調教のノウハウがなく、優秀な個体を求めるとなると訓練済みの犬を輸入するのが一番手っ取り早かった。

しかし、東大医学部にいたお雇い医師スクリバなど、玄人はだしの愛好家に師事する者もいたという（スクリバは本邦にシェパードを持ち込んだ人物だという説もある）。ノウハウ取得のために留学する者も出た。

だが、素性の知れないセッターやポインターも大量に輸入され、犬の盗難や飼い主の目を盗んでの交配が横行し、価値のある純血種はさほど増えなかった。防波堤になっていたのが、岩崎家のようなセレブたちと、そして宮内省だった。

明治二十年（一八八七）に「特に思召を以て」建てられた二十五万坪の代々木御料地に

は、大がかりな御料猟犬舎があった。式部職の中に主猟課が新設され、御猟犬係として西郷隆盛の弟・従道の子息で、小松帯刀家に養子に行った小松従志（じゅうし）などが配された。

皇室は習志野や日光、矢吹（福島）に御猟場を保有し、キジ猟などを行っていた。下総には帝室御料牧場もあり、より広大であったため、牧羊犬のスコッチ・コリーや、ビーグル、バセットハウンドはこちらに移すようになる。また、御猟犬係の小松を通じて、鹿児島から熊本・佐賀へビーグルが広まったと言われている。

御猟犬犬養人であった溝口幹知によれば、明治三十四年から七十六頭を御料地内で訓練したという。そのうち二十三頭は実際に活躍した。日本は平原の多い英国とは狩猟スタイルが異なり、適した猟犬種も違ったため、保有犬の頭数は調整され、増え過ぎた犬は重臣や華族に下賜された。

大正期にいた犬たちの顔ぶれである。

フランス産ブックハウンド（シャン・ド・ガスコーニュ）　六百円で購入　四頭
イギリス産セッター　七頭
ゴードンセッター（山での猟向き）　一頭
アイアン・セッター（水辺の猟向き）　二頭

ロシア産セッター（黒・樺太犬）　二頭
モンゴル種（児玉大将献上）＊児玉源太郎か　一頭
ブルドッグ（イギリスの動物園長より献上）　牡一頭
ドイツ闘犬種（ビスマルク似で名前はビス）　一頭

なかなか管理も大変で、侍従もときどき見廻って様子を窺った。寄生虫が悩みの種で、汽車で移動する際の犬箱で感染するという話もあった。

一頭につき犬舎がひとつずつ、竹の柵で囲んだ広い運動場で訓練をしていたという。

ちなみに犬たちの食料事情はこんな具合だった。


食料は、一日一頭に付、馬肉五十目（約188グラム）と、薩摩芋五十目と、外に四季とも麦飯（米三合麦二合の割）味噌十五匁を與へ、冬になれば鮭、鯔等の魚肉を与ふるもあれど、魚肉を与ふる時は、自然と獣肉を少くするなり。

明治宮殿に犬満ちる

明治天皇自身は、小型の愛玩犬の方が好みだった。

赤坂の仮皇居時代から庭にたくさんいたようだが、落成した明治宮殿に移ってからは、室内にもあげていたという。

曰くのある犬もいる。例えば日清戦争の敵将・丁汝昌の愛犬だったという「順」は、明治二十八年（一八九五）に彼が自決したあと献上された。支那種の狆というから、ペキニーズだろう。

武人の鑑と言われた敵将の愛犬を、明治天皇は慈しんだ。最初はどうにも「支那の匂い」が抜けず何度も洗ったという。帝が表御座所に出御すると侍従が連れてきて、執務が終わって奥に戻るまで傍にいたようだ。

ほかに、三宮義胤式部官長が献上した犬もいた。テリア種の小型犬で、猟犬舎の溝口は「而して常に御座を離れざる洋犬は、今年十八歳なるヨークシャ種のテリエールと呼び、取分けて御愛を蒙るよし」と述べている。名前については「ガンマン、略してガメ」という説と「ボン」説がある。

伏見宮貞愛親王が、帝のために海外で購入したという犬たちもいた（前述の溝口は、大山巌元帥と合同での献上としている）。

いつ購入したかは回想記によって違い、確定し難い。明治四十年二月に特派大使として渡英した際に英国から来たという説や、清国の大観兵式に参列したときに購入した支那狆という説がある。五頭いたらしい。

キング・チャールズ・スパニエル系か、英国産の狆か。清から来たならペキニーズか。不鮮明ながら二頭の写真が残っているが、片方は見るからに狆、もう片方は洋犬に見える。まだ「狆」というと広義だった名残で、そのあたりの見当は難しい。

どちらにしろ、明治天皇は五頭のうち二頭は新宿御苑に預け、一頭は有栖川宮家に下賜した。残った二頭が「花」と「六」で、日々可愛がった。

だが、帝が発病すると侍医たちによって御前から下げられた。ある晩、「六」が悲鳴のような声で大きく啼いた。それが崩御の夜であったらしい。

「六」は明治天皇崩御の翌年、没した。「花」は昭憲皇太后のもとに行くことになる。

帝の愛犬たちは、側近たちを悩ませることもあった。

明治天皇は、公家の少年たちを侍従たちのもとに、交代で近侍させていた。貧乏な公家の台所事情を慮（おもんぱか）ってという面と、幼少期から学ばせるという面があったようで、学業に配慮した上の、一種の行儀見習いである。

当時、奥と表は「鶏の杉戸」と「鷲の杉戸」で分けられていて、この間の廊下に机と椅子を置き、少年たちはここに取り次ぎとして詰めたそうである。

坊城俊良（ぼうじょうとしなが）もそのひとりであった。

大体はおとなしいのに、私たちが御用でお傍に行って、退出しようとすると必ずワンワンほえ立てて、追っかけて来る。子供と思って犬の方から、からかっていたらしい。それが嫌なのでそおっと気づかれぬように出ようとしても、すぐ感づいて飛び出して来る。奥と表の間に大きな杉戸があったが、その杉戸をピシャリと閉めても足音が消えるまでワンワンほえていた。

彼によれば、帝が数日間不在のあいだ「少しかたきをとってやろうと」意気込んだが、見れば尻尾を巻いて小さくなっている。そうなると、つい「この次は吠えるなよ」と頭を撫でてしまうのだが、やはりというか帝が帰還後は、またぞろ威張り始めたそうだ。

このはしっこい犬は三宮献上のテリアだったようだが、英国公使夫人メアリーによれば、献上したのは三宮の妻アレシア（日本名は八重野）であったという。

愛犬家であったメアリーは、当然ながら天皇の愛犬にも関心があった。

この小さな生き物は宮廷のなかでひとかどの人物であり、今の暑い季節には、ひとりの召使いが終日かたわらに侍して扇で蝿を追いやり、氷のかけらを口に入れるのです。この犬の眠りを邪魔することはなりません。かつて、或る不運な人がその尾を踏んでしまったようですが、たいへんな騒ぎだったに違いありません。

「ボン」は坊城より先輩だったが、十年ほどののち老病で亡くなったという。帝の愛犬たちはみな、原宿の尼寺に眠っている、とのことだ。

戌年生まれの皇太后

なお、明治天皇の形見の「花」は、昭憲皇太后の崩御まで生き、そののちは典侍（てんじ）であった小倉文子のもとで過ごした。「花」が大正六年（一九一七）に心臓病で没した後も、小倉はずっとその写真を残していたという。

> 二匹ともに大層利口なお犬でありました。夜分九時頃になりますと、御道具掛の女嬬（にょうじゅ）へと御預けになりますが、其の退出時刻などもよく存じて居りまして、其の時刻が参りますと、聖上（おかみ）に御挨拶をして、自分から部屋の方へスタ／＼と歩いて行きます。

その様子は今だに目に見えるやうで御座います。
翌朝女嬬につれられて参りますと、イキナリ聖上の御傍へと走つて行き、嬉しさうにお膝の上の所へ手をかけて、牛乳を召上つていらせられる聖上へ、お裾分けを御願ひします。聖上はこの御遠慮のない振舞を、にこ〳〵して御覧になりながら、別の御器に御分け与へになるのでした。又夜分御夕食の折には、御膝元にゐて、いろ〳〵と御馳走を頂戴いたします。

昭憲皇太后は際立って小柄な女性であったが、なかなかどうして明治天皇より強健だった。ヘビースモーカーでならし、慈善活動に極めて熱心で、各国の貴婦人たちとも積極的に交流した。軍艦でも船酔いなどせず、平然としていたという。
そしてこれまたこの女傑、戌年生まれで非常な愛犬家だったのである。身辺には、犬をあしらったものが数多くあったらしい。

某枢密顧問官の談に曰く、陛下は戌年に当らせ玉ふ故か、殊の外御犬を御鍾愛あらせられたり、御馬車内へ敷き参らする御座蒲団を初め、多くは犬の模様のあるものを御喜びになりしやうに漏れ承はり居れり。御犬は御平常一頭づゝ必らず御側へ近づけ玉ひ、現に崩御あらせらるゝ迄御側に侍する光栄を得たるは「ハナ」と云ふ支那種の狆なりしと拝聞す（『坤徳遺光』）

探してみると当時、天皇・皇后からの拝領物には「御飼狆」系小物というジャンルがあったようだ。例えば鍋島報效会が持っている「銀製狆棚飾」は、記録によると明治四十四年（一九一一）に明治天皇から朝香宮允子妃に贈られたものだという。

朝香宮は、幕末期に「中川宮」として知られた久邇宮朝彦の子息のひとりで、妃の允子は内親王である。彼らの娘である紀久子は鍋島直泰に嫁いだから、嫁入りの際、持っていったのではないだろうか。

皇太后は、「花」を沼津御用邸にも連れていったそうだ。

徳冨蘆花の兄である徳富蘇峰は『聖徳景仰』に、皇后大夫などから聞いた談話を載せている。帝の愛犬には本当に困りもののやんちゃ犬もいて、誰も抗議できずにいると、皇太后がやんわりとその旨を進上し、その犬は然るべく別の者に下賜されたという。

なお、伊藤博文の未亡人・梅子は犬が苦手だった。

それを聞いた皇太后は、梅子が拝謁する日には愛犬を下がらせ、梅子に「今日は犬は居らぬから心を安くせよ」と微笑んだという。

この皇太后の愛犬趣味が、外交の面で意外な成果を発揮した。

后たちの狆外交

希代の愛犬家であるヴィクトリア女王は、明治三十四年（一九〇一）に亡くなった。後継者は息子のエドワード七世である。王妃はアレクサンドラ・オブ・デンマーク。実家・婚家ともに愛犬一家で、当然ながらというか、姑を凌ぐ愛犬女王となった。

王室の別邸サンドリンガムには広大な犬舎があり、さまざまな犬種が複数ずつ飼われていた。まだ欧州にたくさんあった王家同士が、互いに犬を贈りあっていた時代である。

ルーク・フィルズ「アレクサンドラ皇后とパンチ」

アレクサンドラ（通称アリックス）自身もサンドリンガムを訪れるたびにエプロンをつけ、一頭ずつ手ずから食事させ、細かく体調をチェックしたという。

さらにアリックスは、日々、小型犬なしには過ごせなかった。

一九〇一年のサンドリンガム取材記事によると、こうある。

> この愛玩犬たちは彼女の行くところどこにでもついて行き、ドレッシングルームの絹のクッションの上で眠るのだ。彼女はいつも、彼らのうちの誰かを腕に抱いて歩くのだった。

そのなかに「ジャパニーズ・スパニエル」、つまり狆もいた。名前は「ビリー」と「パンチ」。これは、有栖川宮夫妻が戴冠式出席の際に進呈した犬だったようだ。だが一九〇五年、この狆のどちらか（おそらく牝狆）が亡くなってしまう。

この一報を聞き、駐英大使の林董と皇后宮大夫・香川敬三が奔走し、日露戦争のための国債販売に渡英する高橋是清（当時財務官）に良狆二頭を託したと言われる。「日出処の后、日の没せぬ国の后に狆を贈る」という訳だ。

これには別の説もあって、銀行家のアーネスト・カッセル卿を通じて高橋是清に皇后から依頼が入ったのだという。高橋は林と共に、カッセル卿の仲介でエドワード七世に拝謁したばかりだった。このとき高橋が頼ったのは日銀の松尾臣善（しげよし）総裁で、松尾は狆繁殖の本場・名古屋に人を派遣し、選び抜いた四頭の狆を半年間調教師に預け、一九〇六年の初めに「美子皇后から王妃へ」と英国に贈った。

ちなみにこの林董、よく新撰組のドラマなどに登場する幕末の蘭方医・松本良順（りょうじゅん）の実弟である。岩倉使節団組だ。

兄の良順が活躍した幕末期、来航したペリーに狆が複数献上され、ヴィクトリア女王にも届けられたのでは、という説は有名である。ペリーの娘が大事に狆を飼っていたことは記録に残っているが、女王の手元に届いたかは確認できていない。

しかし今回の二頭は確実に届いたのだ。こんな後日談がある。

翌年の十一月、『大阪朝日新聞』が報じたニュースである。

「御寄贈の狆」

我が皇后陛下より先年英国皇后陛下へ贈らせ給ひたる狆の内「東郷大将（アドミラル・トーゴー）」と名づくる一匹あり。去る九月二十一日皇后丁抹（デンマーク）へ行啓の砌り御召艦ヴヰクトリア、エンド、アルバート号にて病苦に悩める状ありしかば陛下御心痛一方ならず、直にコーペンハーゲン第一流の外科医ドクトル、ローレンツェン氏を招きて診察せしめしに硝子の一小片が足部に刺さり居たるを発見したれば早速抜き取りたるより東郷は直に快復し陛下の御喜び譬へん方なかりしとぞ近着の英国新聞に見ゆ

三越呉服店『時好』1906年

アレクサンドラ王妃は贈り主の皇后ハルコと、日本海海戦の英雄にちなみ、「ハル」「トーゴー」と命名した狆とともに、故国デンマークへ帰郷したのである。

ただ、当時の三越呉服店の広報誌『時好』によると狆の名は「マーベル」とある。三越はこの外交において、狆の「涎かけ」を作製した。渡航に当たって三越からも人員が派遣されたらしく、王妃のサイン入り写真を『時好』に掲載している。何種類もある涎かけの写真がカラーでないのが残念だ。三越でも売り出したのではないだろうか。

ペチャ鼻になったスパニエル

明治最後の年（一九一二）、十六代ウェントワース女男爵ジュディス・ブルントによって『Toy Dogs and Their Ancestors: Including the History and Management of Toy Spaniels, Pekingese, Japanese, and Pomeranians』（小型愛玩犬とそのルーツ――トイ・スパニエル、ペキニーズ、狆およびポメラニアンの歴史と管理も含めて）が上梓された。この Japanese とは狆のことである。Jap とも呼ばれた。日本人には紛らわしく、愛好家であった東久邇盛厚（もりひろ）も戸惑ったそうである。

ジュディスはアラビア馬の繁殖家だが、スパニエル繁殖でも名を馳せていた。この本のテーマのひとつが「キング・チャールズ・スパニエルの改良」である。具体的に言うと「丸い頭の鼻ペチャ犬」に改良する方法だ。

本来は犬らしい突出した鼻先を持つキング・チャールズ・スパニエルを、狆やペキニーズのような鼻ペチャ丸顔犬にするべく、ブリーダーたちは苦労を重ねていたのだ。そのために、狆とペキニーズとポメラニアンが研究されていたのである。

ジュディスは狆について、こう書いている。

頭部は前方に丸く、おでこは鼻に触れるほど突出している。首は短く、丸い大きな瞳は離れ目で、マズル（口吻（こうふん））に沈むくらい低い位置にある。鼻先は素晴らしく短く、程良く幅広。鼻は毛色に関係なく黒で、上向きであれば望ましい。耳は小さく、Vシェイプで離れた高い位置で立つ。身体はコンパクトで、背（胴）は短く完全に平ら、脚はまっすぐ。骨格はしっかりしていてスレンダー。爪立ちするように立っている。性質は知的で、スパニエルほど賢くないが独立心が強く、我儘ではない。愛情豊かだが、反抗的になることもあり、あらゆる意味で猫に似ている。顔も洗い、軽やかに歩く。怒ると殺される鶏のような声で啼く。尾をあまり振らないが、怒ったとき猫のように動かすことはある。

エキサイティングな犬で、ありえないほど美しい。巻きあがった尾は背を覆うように流れ、豊富である。毛並みは柔らかくサラサラで、ウェーブやカールはなく、フラットであるのに首回りや胸元は極めてボリュームがあり、スパニエルでは絶対に得られない手触りである。印象は最高に華やかだ。

墨のような黒と、真珠の白さの組み合わせが理想で、色の境界はくっきりしている。赤茶と白、黒一色、白一色もいるが、白地に黒の組み合わせは見たことがない。

小さいほど望ましく、他の犬種の同じ大きさの個体より軽い。

彼女たち本格派のブリーダーにとって、異犬種交配は邪道である。が、彼らの間でこんな言葉が囁かれていたという、「もし敵がいるならJapをあげるべし」。

純血種の繁殖家に、つい異犬種交配の出来ごころを起こさせるスペックを狆は持っていたのだ。細心の注意を払っても、スパニエルの鼻先はすぐに戻ってしまう。外国種だとこの苦労はない、と彼女はこぼした。

しかし彼女はまた、海外の狆にも危惧を抱いていた。キング・チャールズ・スパニエルの影響か、特にアメリカで、頭が大きいアンバランスな狆が増えていた。「出品された狆たちの、目を覆うばかりの堕落したクオリティに気が重くなった」と、ドッグショーの様子を振り返っている。

これが犬のグローバル化に直面した、愛好家の現状であった。だがジュディス自身は、日本の狆繁殖家にもパイプを持ち、米と魚で調理した食餌の与え方も学んでいた。

この本には、著名なブリーダーたちが繁殖した個体の写真が、微笑ましい名前つきで載っている。「コマ」「ダイブツ二世」「ヤエゾウ」「ロイヤル・ヤマヒト」「デンカ」などなど。当時のブリーディングは富裕層の女性が中心であり、利益追求は二の次であった。

コラム 老いたる狆に道をおそわり——明治宮殿裏話

彫刻家の高村光雲。上野の西郷さんの像を造った人である。

彼が語った『幕末維新懐古談』に、明治宮殿の装飾に携わった思い出ばなしがある。これが傑作なので、まぁ聞いてほしい。

なんでも新宮殿には貴婦人の間というのを造る。そこの階段を昇ったところに、ご婦人が好きな狆で装飾した柱を置きたい。鋳物で造るので原型の彫刻を頼む。狆を四頭。つまり丸ごとの狆を木彫りで彫れ、という注文であった。

さて、光雲は考え込んだ。

狆をどうしよう。さすがに実物を見ないと彫れない。何より、あらためて言われると狆がどんなものか、いまひとつ自信がなかった。鳥屋に行けば狆はいるが、けっこう姿はまちまちで、狆にもピンからキリまでいることは一応知っていた。

ふと、浅草の葉茶屋で見た狆を思い出した。なかなか良さげな姿かたちであった気がする。早速行ってみると店先にいて、やはり良い感じに思えた。

しかし、店の細君自慢の狆だという。借りられるものだろうか。とりあえず来客用のお茶など買い、狆を褒めると、細君が出てきて嬉しそうに自慢話を始めた。

すかさず光雲はもちかけた。実は狆を彫ることになり、お宅様の狆はいかにも種が良さそうです。一週間ばかり貸していただけませんか、と。ここはダメ元である。

案の定、生き物をおいそれとお貸しもできません、と言う。仕方ない、手のうちを明かしてもうひと押しした。

これは皇居御造営のための御注文で、しかも貴婦人の間の設え（しつらえ）なのです。

驚いたのは細君だ。

「すると、この狆の姿が九重の奥に参るわけで御座いますね」

そうですそうです、と、光雲も必死である。幸いにも細君は聞き分けてくれた。

座敷に置いてみると、やはりそのへんの犬ころと違う。上品で愛嬌がある。

早速一頭彫ってみて、ほどよく形になった頃、訪ねて来た漢方医は微妙な顔をした。

「狆をお探しと知っていれば、良い狆をご紹介できましたのに」

聞けば、徳川家でお側御用を務めた隠居が愛狆家で、田舎に去るにあたって狆を譲りたい、と言っているというのだ。光雲は急ぎその狆を手元で見られるよう頼んでみた。

了解を取りつけ、弟子に取りに行かせると、竹管（ちくかん）の千本格子の虫籠のような、それは立派な大きな箱を、重そうに背負って帰ってきた。

格子越しに覗いてみて、思わず唸（うな）った。

葉茶屋の狆と、違う。ギョロリと大きな目、ふっさりとした頬の毛が床に届かんばかり。どこか怪物っぽい感じさえある。開けても飛び出してきたりせず、寝転んだまま、権高な感じでこちらを見ている。

名前は「種」だというので呼んでみたら、ようやく起きてきた。相当な老狆であるらしい。葉茶屋の狆よりどこもかしこも、より豊かで派手やかで、歩くとバサリバサリと音をたてる。二頭を並べると、まるで階級が違う人が立っているようだった。

これが狆というものか。光雲はあらためて思ったわけである。

見慣れてくると、やはりこちらが狆としては上等だと得心がいくようになり、あとの三頭はこの「種」を手本に彫った。

出来あがった四頭の狆は、型取りの後、許しを得て彫刻の競技会に出してみると、高い評価を受けた。が、彫刻家の後藤貞行はひとめ見て「老犬を彫りましたね」と看破した。

やはり動物を見慣れた人は違う、と感心していたら、続けて「そうと知っていれば、日本一の名狆をご紹介しましたのに」と言う。またか。

なんでも侍従局の米田（こめだ）さんがお持ちの狆だと言う。米田さんというと、元は熊本藩家老で戊辰戦争でも活躍したのち、宮内省に行った米田虎雄氏であろう。

しかし、そう言われてももう遅い。やはりモデル選びは難しく、そして心してやらないと、あとあとまで悔いを残すことになる、と、光雲はしみじみ思ったことだった。

わんわん、ならぬ、チャンチャン。

この話には、狆を語る上での重要なポイントが、面白いほど登場する。
鳥屋で売っていること。
幕末から明治初期頃は、まだ姿が定まっていなかったこと。
やんごとないところにいることが多いがしかし、案外に庶民も飼っていること。
婦人が好むものだと思われていたこと。
日本人が見てもその相貌は一種異様であったこと。
そして何より、専門家の眼識を舐めてはいけない。

第十章　華麗なる愛犬界——大正の犬事情

はいから犬が通る

セレブ殿方が猟犬をもてはやす傍らで、近代的な愛犬趣味もまた広まっていった。犬をただ「愛犬」として愛おしむ、現代に近いスタイルである。

そこで、前章に登場した英国公使ヒュー・フレイザー一家を再度招喚しよう。『英国公使夫人の見た明治日本』の著者、女主人メアリーの愛犬は、ダックスフントの「ティプ・ティプ」である。メアリーは、彼を「褐色の天使」と呼んでいた。

夏になると暑さのあまり、耳を床に広げて仰向けに伸びていたというこの天使、メアリーの前では礼儀正しく皆に「ティプさん」と呼ばれてすましていたが、かなりの悪戯ものだった。下駄がお気に入りで、咥えていっては埋めて隠していたらしい。

ある日、ティプさんはいつの間にか少しばかり「鼻の頭を損なって」いた。メアリーはついに使用人が下駄を投げつけたのだろうと推測したが、特に誰かを叱ったりはしなかった。彼女は、ティブが使用人たちにしてみれば厄介な存在だとわかっていたのである。もちろん、ティブさんもさして叱られるわけではない。

こうした犬たちの存在は、仕える日本人たちにも影響を与えていった。日本人は時に犬に冷たく、時に優しかった。彼女はそれを「日本人は霊魂転生説を信じているようだから」と記していて、興味深い。

日本滞在中に新たな犬も飼ったが、その来歴もふるっている。

それは美しいゴードンセッターの仔犬で、なんとイギリス人の「海賊漁船船長」の飼い犬の仔なのだった。そのヤクザ者は殺人の罪で投獄されたのだが、愛犬の身の振り方だけは考えていったらしく、仔犬の一頭がまわりまわってフレイザー家に来たのである。仔犬の夜啼きは使用人たちを閉口させたが、その身の上に同情する者もいた。

一家はこの「ゴードン」も、他の五頭もみんな揃って、軽井沢へ避暑にでかけている。汽車の中では啼き続けたゴードンだが、横川（よこかわ）の駅から人力車の傍を走らせてもらうと静かになった。しかも、しばらくは泥だらけになって夢中で走っていたが、気が済むとティブと共に「もう走るのは充分です」と主張したとのこと。メアリーの人力車にティブさんが乗る横で、公使ヒューと同乗させてもらったそうだ。

車夫の驚きはいかばかりであったろう。もっとも案外、軽井沢では珍しくなかったかもしれない。というのも犬連れ外交官は、英国公使だけではなかったからだ。当時、ロシア公使もまた十八歳のよぼよぼのパグ「ギップ」を飼っていたそうで、その犬は家族中でいちばんえらく（よくあることだ）、「公使一家を鉄のムチで追うかのごとく絶大な権力を揮って」いた。仕える日本人たちは面喰らっていたが、だんだんと慣れ、ある人夫は通りすぎる老ギップにはお辞儀をして「ギップさん」と言っていたそうである。

奥様がたも彼らに慣れていった。ティブさんは女主人の接客中も、もちろん傍にいた。白い繻子のドレスがお気に入りで、いちばん美しい裾の上に決まって座り込むのである。ただ、小松宮彰仁親王妃が来邸した際は、その優雅なドレスの上にジャンプして悲鳴を上げられ、もがきながら撤収させられた。

貴婦人たちは彼の振舞いに「リッパ、リッパ」と声をかけて可愛がったという。ティブさんもまた如才なかった。

相手がヨーロッパ人ならおごそかに前足を差し出して握手をもとめ、小柄な日本の婦人なら頭を床につけて日本式の長いおじぎをするのです。それを見ると、彼女たちは笑いころげ、この滑稽な芸当は私が教えこんだものと信じてしまうようです。

フレイザー一家の愛犬には、もっと高貴な人物も興味を持っていた。明治天皇である。メアリーは滞在中に、純血種のダックスフントをもう一頭、英国から取り寄せて、周囲で話題になったらしい。すると明治天皇は、彼女が拝謁した際に「すばらしい犬を英国から連れてきたそうですな」と話しかけたというのである。

すでに一家に馴染み、ティブさんさえ手なずけていた「トニー・ボーンズ」を、献上するべきか一瞬メアリーは悩んで「背筋が凍った」が、こらえてスルーしたという。

国際結婚組で特筆すべきが、オーストリアの名門貴族クーデンホーフ・カレルギー伯爵と青山光子夫妻である。レディ・ミツコとして知られる人物だ。

日清戦争の頃のことで、メアリーの夫ヒューが病没したのと時期的に重なる。

日本でのわずかな新婚時代、ミツコの手記によれば、夫のハインリヒ伯爵はドイツ産のブラッドハウンドを飼っていた。当初は着物の人物に慣れず吠えて大変だったという。

この犬の噂を聞いた明治天皇は大変興味を示し、伯爵は産まれた仔犬を献上した。

そしてカレルギー夫妻は明治二十九年（一八九六）、オーストリアへと帰国する際、くだんのブラッドハウンドを当時の皇太子、つまりのちの大正天皇に献上した。

父と同様に犬好きとして知られていた皇太子・嘉仁（よしひと）親王もまた、いろいろな意味で犬の話題に事欠かなかった。

「愛犬舎」あらわる

表ではカーキ色の軍服で、奥では仙台平の袴で過ごしたという嘉仁親王（のちの大正天皇）は、ヘビースモーカーでビリヤードと将棋を好み、漢詩を得意とした。そして動物が好きだった。父帝と異なり、犬は大型犬を好んだ。

代々木から毎日連れて来させ、散歩する。ついつい「犬を放してやれ」と命令し、喜んで駆けだす犬の跡を追う者は苦労した。グレイハウンドなどは一間（約一八〇センチ）くらいは楽々飛び越えてしまう。

そのうち、明治宮殿の御殿門内に竹垣で囲った「愛犬舎」をつくり、飼育係も置いた。朝夕二回、御苑内に放してやると、時には猫など追いかけて物置の下から出られなくなるなど騒動もあった。それも親王には楽しかったらしい。

もっとも、狆も可愛がった。彼らは高麗縁（こうらいべり）の畳の上を走ったかと思えば庭先に飛び出て芝生を転げまわるなど、思うさま遊び、親王はそれを見守った。それだけではない。

衣桁（いかう）には美麗に縁飾（へりかざり）せる色々の着物掛けられ、華美なる座布団も敷かれたり。

（『皇室及皇族』第二版）

首回りにトビー・カラーをつけるだけでなく、おめかしもさせていたらしい。

体調を診る官医もおり、高価な薬も常備、食餌も「牛乳及び牛肉」が中心という、至れり尽くせりの生活をさせた。彼にとって、犬たちは日常になくてはならない存在であった。

幸い、后となった九条節子（さだこ）も愛狆家だった。

大正四年（一九一五）から勤め始め、のち宮内庁厨司（ちゅうし）長として現上皇ご成婚祝賀会まで差配したシェフの秋山徳蔵が、まだ緋（ひ）の袴をつけた女官やお毒見（オシツケ）までいた時代を振り返った懐古談中に、狆が登場する。

その狆は名前が「花」で、明治天皇夫妻の愛犬と同名である。秋山にとってはただの犬だが、女官たちは「お花さま」に傅（かしず）いており、案の定というか我儘一杯だった。供進所（ぐしんじょ）（配膳室）にも平気で入り込み、犬の毛など入らないか、踏んづけないか、気が気ではなかった。

その日も「あっちへ行け」と追い払おうとすると、ウーっと唸（うな）って歯まで剝いた。なので、首筋を取っつかまえて、したたかにおしりをひっぱたいたという。

「お花さま」はキャーンキャーンと大声をあげ、女官たちが転がり込んできたが、「足でも踏んでしまったかもしれません」とそらとぼけた。人一倍血の気の多いたちだったという本人の弁のとおり、彼のような気性には皇后の狆でも、狆は狆だった。


大正に元号が変わった一九一二年十一月、『東京朝日新聞』には、天皇夫妻で名古屋離宮に滞在した際の「狆の光栄」という記事がある。

当時、名古屋は狆の名産地として知られていた。

これは京都を中心に狆の需要が高まった明治期からである。外国人が買うのだ。狆に限らず当時の犬は生後百日頃を目安に売買するのが基本で、狆は牡がだいたい三円から五、六円、牝が七円から十円くらいだった。

白黒の斑(ぶち)で、なるべく小柄、目が突きだして鼻が低いほど珍重され、高級になると五、六十円から百円ほどにもなった。交尾料をとって繁殖支援まで手掛けると「牡牝五、六頭ずつくらい所有すれば」そこそこの余生を送れる副業になったそうである。

その名古屋を訪れたのである。後藤貞行が高村光雲に「名狆をお持ちだ」と示唆した米田侍従は、すぐに名古屋在住の盆栽商で、愛狆家と名高い磯村伊助と共に奔走した。

集められた五頭は一頭ずつ、御座所に招き入れられた。百円でお買い上げとなったのは、元気に尾を振り立てて皇后の膝に伸びあがった「マメ号」である。ハチワレの斑の個体で、二歳の名狆であったそうだ。

大正天皇の疑惑

鍋島直映（なおみつ）侯爵の妻・禎子と縁側で寛ぐ犬の写真が残っている。猟犬のようだが、日光に目を細める様子が微笑ましい。

この鍋島家は皇室と縁が深く、直映の息子と姪が明治天皇の孫と結婚した。そして異母妹の伊都子は梨本宮守正王妃となった。梨本宮は幕末の重要人物・中川宮の子息である。

嘉仁親王ご成婚の頃、伊都子と天皇の愛犬がらみの、ある小さな事件が起こっている。伊都子が結婚する以前、一家で日光に滞在していたときのことである。

直映が父の直大と共に御用邸滞在中の親王に挨拶に行くと、お返しに親王自ら来訪したのである。ダックスフント一匹と、侍従などごく少数のお伴だけの気軽な姿だった。

翌日、直大が来邸の御礼を言上すると、後日また訪れがあった。そして、伊都子と話し込んだのである。「ダックスを預けていくから」と、こまごま指示を与え、伊都子は意外に思いながらも、指示どおりダックスに牛乳とビスケットを与えている。

そうこうしていると、后の節子が突然日光から去ってしまったというではないか。ダックスを連れて一家で外出などすると、また「偶然」嘉仁と行き合う始末。こういった交流がしばらく続いたらしい。節子はしばらくして日光に戻ってきたが、直後に、伊都子の婚礼が慌ただしく決められた。

犬を口実にするようにして、未婚の美女と親しく話し込む新婚の帝。なんとも意味深な話である。

とはいえ、大正天皇没後も、長い人生のあいだ貞明皇后（節子）は狆を愛し続けた。ちなみに皇室と狆との縁は昭和まで続いていて、幼少時代の紀宮清子内親王（現・黒田清子）が愛玩していた。軽井沢で美智子皇后の膝で居眠りする横に狆がいたり、兄の礼宮（あやのみや）と二人で散歩させていたりするニュース写真が残っている。

祖父母に当たる昭和天皇夫妻は、孫の抱く狆を見て、何を思っただろうか。

なお、緋の大腰袴姿で狆を曳（ひ）いた「狆曳き官女」と言う雛人形が、明治半ばから昭和初期まで流行した。

生き残れ日本犬

大正天皇の犬好きは、愛犬史にも影響を及ぼしている。

当時、今日で言う「日本犬」は危機的状況にあった。

狂犬病撲滅のために地犬は激減していたが、その一方で洋犬は、高望みしなければ一般人でも手に入った。例えば「普通の純粋なシェパード」なら昭和初期三十〜四十円（現在の二〜三万円）で買えたという。そもそも日本人は「純血種」という概念に鈍感で、実はミックス犬の「なんちゃって純血種」でもさほど気にとめなかった。

当時の面白いエピソードがある。

早速整爾（はやみせいじ）という代議士が友人と「鯨飲」し、終電が過ぎ車も見えず、仕方なく日比谷公園から麹町の方へと歩いていた。すると現れた車夫が「旦那、お安く参りましょう」と来たので、ほっとして乗り込んだら、なにか黒っぽいカタマリが後方にいる。見れば、車夫の愛犬だというではないか。

これがなかなかリッパな洋犬で、とうてい車夫などには縁がなさそうな逸物であった。青年代議士はその犬が欲しくなって交渉したが、車夫にしても愛犬のことゆえ容易に頷（うなず）けるものでない。意地になった代議士は、それから車夫宅を繰り返し訪ねるうちに、いつの間にか無二の親友になった、というものである。

人力車なのか、当時出現し始めていたタクシーなのかが不明だが、人力車なら「後方に犬」という状況にはならないだろう。肝心の犬の犬種がわからないのが残念だ。

これは、愛犬趣味が一般人にも浸透しつつあることを示す好例と言える。そして洋犬が広まるということは、日本犬の減少につながるというのが、この頃のセオリーであった。

なお、早速整爾は大蔵大臣就任直後に急死し、それが平将門の首塚跡に大蔵省の仮庁舎を建設した時期だっただけに「将門の祟り」と騒がれた。しかもそこは、かつての酒井雅楽頭家の上屋敷跡、つまり伊達宗重が殺された場所であった。


庶民の狆のエピソードもある。大正七年（一九一八）、京都河原町の落語家・笑福亭円笑宅に強盗が入った際、狆の「おてい」が激しく啼いて、それに強盗が「おていおてい」と呼びかけていた、という聞き込み調査から、顔見知りの犯行と発覚した（京都日出新聞）。盗人の正体は弟子だった。

ちなみに三代目三遊亭金馬によると、大正当時、落語家には「鑑札」があり、所持していないと歩けなかった。その鑑札のための税が三円五〇銭で、犬の飼い主に課される畜犬税と同額だった。ワン公と同じたぁたまらねぇ、と思っていたら、値上がりで四円になった。しかし畜犬税のほうも同時に値上がりしていて、元の木阿弥。

　この顛末はマクラなどで話すと大いに受けたということである。


　明治期の洋犬の葬儀も記録にある。

　丹波国天田郡の上小田村にて、仁兵衛という人物が夫婦で宿やを営んでいた。

　ある日、お客から洋犬を貰い、数年の間、食事もお膳を並べて食べ、わが子の如く一緒に眠っていた。ところが明治十七年（一八八四）の六月十日に発病。激しく吐き、できるかぎりの介抱に努めたが、三日後に亡くなった。「天を仰ぎ地に伏しまろび」というから、夫婦の嘆きは大変なものだったようで、ご近所も気の毒がり、和田村の菩提寺・誓應寺に頼み込んだ。

　住職は犬に人のような白装束を着せて棺に納め、床に安置してやったと云う。誂えた白木の位牌には「釈徳犬」と記した。弔いが済むと、夫婦も泣く泣く墓地へと送ったが、その後も回向を絶やさなかった。明治二十年の『今世開港奇聞』の記事である。

当時の流行犬

　内田魯庵の『犬物語』の主人公は「西洋臭い雑種犬とは、ヘン、種が違います」と、日本犬であることを誇る犬である。であるから、昨今いろいろ思うところがあり、作中でさかんに愚痴る。それがまるで当時の流行犬一覧のようで面白い。例えば「テリヤー」「ターンスピット」「プードル」。マルチーズは「マルタ犬」で「獅子犬」とも呼ばれていると記している。チワワは「墨西哥犬」、ボルゾイは「露西亜ハウンド」だ。グレイハウンドなどは「見栄がする」が「伊太利ハウンド」は翫弄犬で「ハウンドで厶るが凄まじいお笑草」だなどと揶揄した。

ちなみにこの主人公（名前は太郎）、自らの見識をもち、例えば徳川綱吉についても時代に先行するような見かたを披露している。

犬公方と下々の仇口に呼ばれた位だから無法に我々同類に御憐愍を給はつたものだ。公の生類御憐愍を悪くいふ奴があるが、畢竟今の欧羅巴で喧ましくいふ動物保護で人道の大義に協つてるものだ。手段は少と極端過ぎたかも知れんが目的は中々立派なものだ。

「それなのに昨今の犬殺しどもと来たら」と嘆く太郎だが、主人にはすこぶる満足している。洋行帰りの要人でお屋敷に住んでいて、リッパな洋犬も飼っているのだが、悪たれ小僧に古井戸に落とされそうになった太郎を救って以来、「恰（とん）と応挙の描いた狗児（ちんころ）のやうだ」と、地犬出身の太郎をたいそう可愛がってくれるのだ。

そのうえ最近、彼には自慢でならない出来事があったのである。

　近頃それがしの宮殿下が我々の夥伴（なかま）を召されて浅からぬ御寵愛を忝（かたじけの）ふするは我々の世の中に出る機運が熟したんだね。

この「それがしの宮殿下」がすなわち嘉仁親王であった。明治三十三年（一九〇〇）のご成婚記念として秋田犬の本場から「黒色犬仔」一つがいが献上されたのである。しかも、殿下直々のご所望ということで、秋田犬としては大変な誉れであった。

それはちょうど、減少の一途をたどる日本犬の現状に危機感をもった有志が、保存に向けて動き出した時期でもあった。予想以上に残存個体数が少なく、残った犬にも洋犬との雑種化が進んでおり、愕然としたという。このあたりの経過については志村真幸氏の『日本犬の誕生――純血と選別の日本近代史』に詳しい。
状況を整理してみよう。

すべての日本犬が洋犬との混血になってしまう前に保護し、古来よりの日本犬を残そうという意識が芽生えた。そうすると、まず純粋の日本犬を確保する必要がある。が、そもそも日本犬に明確な基準はなかったし、個体の来歴もわからないのが普通だ。だいたい日本各地の犬種の価値について、正しく認識している者も少なかった。仕方ないので、洋犬があまり入っていなさそうな僻地（へきち）で探してきた純粋（らしき）犬を集め、基準も一からつくった。

そこから殖やしていくのだが、「純血を保つ」という意識が希薄で、未去勢・未避妊だ

捕獲された日本犬。野良犬ではなく、青森、山梨、岐阜県などで見られる野生の犬。『コンサイス科学 犬』より転載

「日本犬、いわゆる柴犬」との記述（転載元は上に同じ）

とすぐに混じってしまう。

……という気の長ーい試行錯誤の過程をたどることになるのだった。

秋田犬や狆は、すでに海外で人気が高まるにつれ価格も高騰していたから、良い個体を買い占められるという現象も起こっていた。近親交配も頭の痛い問題だった。

ともあれ、こののち昭和に入り、秋田犬を皮切りに日本犬の天然記念物指定が進むことになる。

蝶々さんと狆

小型犬を連れた女性の写真は大量に残っている。

日本女性も例外でなく、アメリカの富豪に見染められて「世紀の玉の輿」と言われたモルガンお雪も、ダックスフントを曳いた写真がある。彼女が日本で飼ったスカイ・テリアは流行し、「お雪テリア」と呼ばれたという話もある。

こういった「国際結婚組」以外にも、海外に飛び出す女性が出現した。例えば日本女性初の「国際派女優」川上貞奴である。

スカイ・テリア『コンサイス科学 犬』より転載

川上貞奴　文化のみち二葉館提供

貞奴が夫の川上音二郎と共に渡米したのは、明治三十二年（一八九九）である。大評判をとったのち、イギリスのバッキンガム宮殿に招待され、皇太子夫妻（のちのエドワード七世と后アリックス）の御前で公演を行った。五回目の万博開催中のパリでも大喝采を受け、ゲランから「ヤッコ」という香水まで発売された。若き日のピカソは彼女の舞台姿のクロッキーを残しているし、彫刻家のロダンは彼女を激賞する手紙を書きまくった。

その貞奴は、愛狆家であった。メリーとキャメという二頭を愛していて、パリにも連れていった。明治四十一年には狆を抱いた紋付姿の写真がサイン入りで、老舗雑誌『ガゼット』を飾った。

第一次大戦の引き金になったサラエボ事件が起こった大正三年（一九一四）、ひとりの日本人オペラ歌手が、ロイヤル・アルバート・ホールの国王（アリックスの息子）夫妻らの前で、鮮烈なロンドン・デビューを飾った。三浦環（たまき）である。

大評判となった環は、翌年ロンドンで『蝶々夫人』の主演を張った。だが五月三十一日のその晩、オペラハウスを揺るがせたのはツェッペリン飛行船による爆撃であった。その後、環はアメリカで激賞され、当代一の蝶々夫人役者となる。

終戦後、ヨーロッパに戻った環は大正九年、『蝶々夫人』を作曲したプッチーニ邸に招かれた。

日本の織物で飾られたグランドピアノで『トゥーランドット』の作曲中であったプッチーニは、日本の歌をねだり、環は木遣り歌を歌ったという。プッチーニの語るところによれば『蝶々夫人』作曲中も、大山綱介公使夫人が日本のレコードを聴かせてくれたということだ。

ちょうどその日、プッチーニの子どもが狆を貰ってきた。プッチーニは喜んで、狆に自作のオペラから「ジャンニ・スキッキー」と名づけたという。

その晩、プッチーニはしきりに咳込んでいた。狆を囲んで皆で和やかに過ごしたひときは、環にとって「嬉しいやら悲しいやら」思い出深い一夜となる。喉頭がんでプッチーニが没したのは、その五年後のことであった。

蝶々さんのモデル候補と言われたひとりに、幕末の英国商人グラバーの妻ツルがいる。

彼女はグラバーと添い遂げているのだが、それでも長崎のグラバー邸には、三浦環が蝶々夫人に扮した彫像が建てられている。

なお、グラバー自身も愛犬家で、ポインターらしき犬の頭部で装飾された愛用のステッキが残っている。息子の富三郎と妻ワカが一緒に撮った写真でも、ワカが仔犬を抱いていた。

グラバーが活躍した幕末期、宇和島藩主の伊達宗徳が京都でグラバーを訪ねた際、目にした犬について書き残している。


犬数々居、一ツ余程よき犬のよし、おおきさ猫の大な位、もしカラバえ、よその手ニても、ふ、り、揚(あげ)候得バ、直(タダチニ)喰かゝり候由、むくげニて単色也

グレーの「むくげ」で、他人が不用意に撫でると噛みつくという。犬種が気になるところだ。「も、ふ、り、揚候」という表現に注目である。

この日記には、大名、有名家臣、外国人らが登場するが、中のひとりが出羽の佐竹義堯(よしたか)である。彼の養父は早世した義睦(よしちか)で、養母は未亡人となった悦子であった。

豊国の絵の如しと称えられた悦子は山内容堂の従妹にあたる。新婚一ヶ月で国元の夫の発病を聞き、十七歳だった悦子は湯文字もなしの白木綿一枚でお百度を踏んだ。未亡人となるとすぐ髪をおろしたという。

残された彼女の写真に、狆を抱いた一枚がある。

白黒ツートンカラーの由緒正しい、うつくしい狆で、何やら紋付のようなおべべを着ているように見える。武家の女性らしく謹厳な表情の悦子だが、しっかりと顔の傍まで狆を抱え込んだ様子が胸に迫る。愛狆であったのだろう。一緒に記念写真を撮るほどに。

そして昭和へ

維新から五十年が過ぎた。

「犬と猫のあいだ」と言われた狆。カメヒアやカメなどと呼ばれた洋犬。飼い主不在の「地犬」。彼らが等しくシンプルに「犬」という存在になったのは、この頃ではないだろうか。

前述の『犬物語』で、地犬から屋敷犬となった太郎くんが日々慕ったのは、お屋敷のひとり娘であった。外国語もペラペラ、ピアノを弾かせれば玄人はだし、世が世なら女御更衣という才媛であった。殺到する求愛者を華麗にさばきながら、彼女は太郎に言うのだった。

大阪の名妓、八千代と狆

狆と戯れる半玉（1906年）

「太郎や妾は一生お前と離れないよ、お前の好きな処へお前を伴れてお嫁に行くから子、お前の好きな人が来たら妾の袂を啣へて其人の傍へ伴れて行くのだよ、」

そんな牧歌的な雰囲気だった昭和初期。

戦争がすぐそこに迫っていたのである。

第十一章　戦争を駆けた犬たち

ハチ公とリンチンチン

この頃、東西で新たなレジェンドが生まれている。

もうこの犬を超える巨星は現れないだろう。日本の犬史史上最大のスター、ハチ公は、当時から海外でも知られていた。昭和十二年（一九三七）に初来日したヘレン・ケラーもすでに知っていて、秋田犬「神風号」を貰って帰国している。残念ながら二ヶ月後ジステンパーで死んでしまったが、秋田犬保存会から、あらためて兄の「剣山号」が贈られた。

のちに昭和天皇の侍従を務め、数々の著作を残した入江相政（すけまさ）は、『入江相政日記』の中で「例の有名なハチ公の娘の子、即ち孫に当たる牝犬」を貰って喜んでいる。入江は岩崎豊弥（とよや）の娘と結婚し、姑は柳沢保申（やすのぶ）の娘という、本書愛犬史に連なる一員だ。母が柳原家出身であるため、明治天皇の係累でもある。

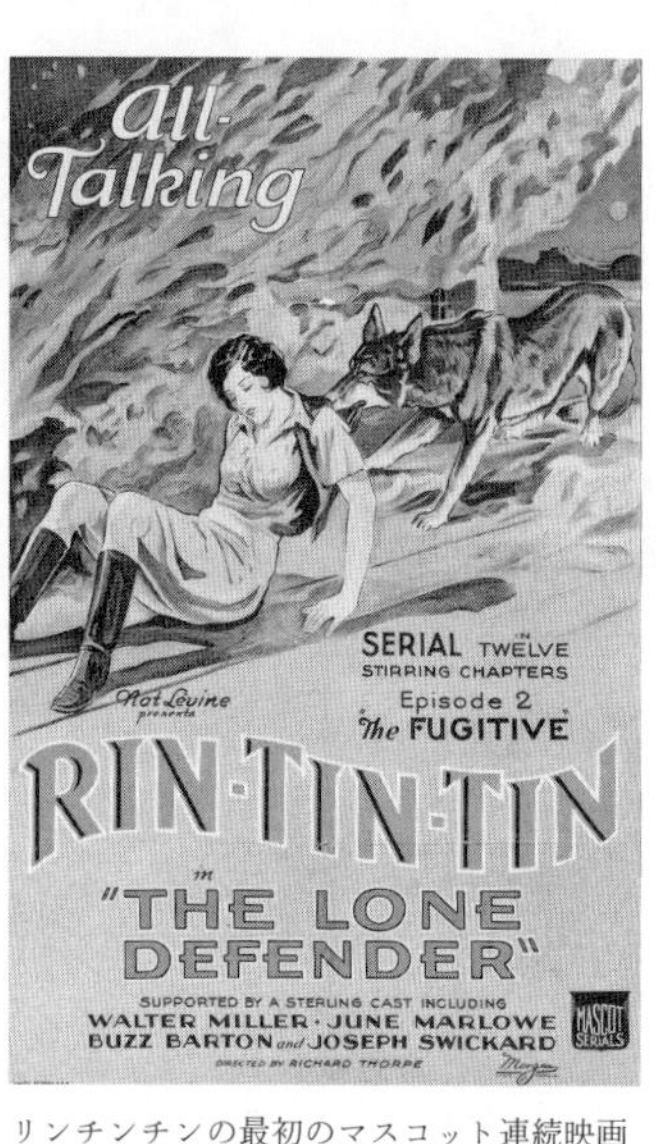

リンチンチンの最初のマスコット連続映画のポスター

そんな上流階級でも、「ハチ公由来の犬」が珍重されたというわけだ。

　そして、海の向こうでも、アメリカの無声映画の大スター「リンチンチン」が現れた。

　リンチンチンは、実は第一次大戦後、フランスの塹壕に残されたドイツ軍のシェパードを、米兵が連れ帰ったものといわれる。つまり大ヒットドラマの『ダウントン・アビー』や、人気漫画の『はいからさんが通る』と同時代の犬なのだ。『名犬ラッシー』の先駆けともいえる。

　この影響で、昭和初期は世界的にシェパード全盛期となった。日本でも、昭和三年（一九二八）に「日本シェパード犬倶楽部」が誕生し、昭和八年（一九三三）には専門誌『シェパード』が創刊された。

　創刊翌年の記事によると、セッターやポインターといった「貴公子型」猟犬が流行った後、ブルドッグ、シェパードと流行が移っていったらしい。「ブルドッグ　百円だしてひきずられ」という川柳が残っている。

当初は獣医でも熊の仔のようなシェパードの仔犬に面喰らったという。

なお、『シエパード』によると、のちに伝説的アニメとなった『フランダースの犬』は、無声映画時代すでにハリウッドでつくられていて、リンチンチンが演じたらしい。トーキー映画となった際も、「ライトコング号」というシェパード犬が演じている。パトラッシュではなく、レオという命名だった。犬の映画がトーキーになるに当たって、リンチンチン本人（本犬？）の声が聞けると宣伝された。

そして、よく知られているように、海外でつくられる『フランダース』の定石で、このときもハッピーエンドであった。

雑誌『シエパード』は楽し

雑誌『シエパード』は、広告だけでもかなり面白い。

インネンドルフという犬用ビスケットがすでにあり、外国製より栄養的に優れているというお墨付きであった。肉・ミルク・カルシウム入りの純国産。黒いビスケットと赤いビスケットが取り交ぜて梱包されていて、黒いのは「健胃強腸を保ちヂステムパー予防を成し」、赤いのは鉄分やビタミン入りである。成分やカロリー、一日の推奨量も体重別にきちんと明記。市内特約店には「新宿中村屋／京橋・横浜明治屋／銀座亀屋／銀座赤トンボ／虎ノ門不二屋／六本木カクテル堂」といった錚々たる有名店が並んでいた。

ほかにもペットの葬儀社やお墓の宣伝、「愛犬の姿をとどめよう」という剝製会社の紹介まであり、恐れ入る。


また、シェパードのコンテスト「ジーガー展」を始めとした各種品評会の結果はもちろん、繁殖された仔犬の情報も個人情報丸出しで掲載されていた。

なかには、シェパード好きで知られた久邇宮の繁殖犬もいた。繁殖を請け負ったブリーダーの「光栄なる」経緯など実に詳しい。産まれた仔犬には譲渡希望が殺到した。

元皇族の筑波藤麿侯爵も「ツクバ飼犬所」という犬舎を載せている。岡山の池田侯爵も繁殖を行っていた。正月号には各犬舎の「謹賀新年」広告がズラリと並び、壮観だ。雑誌があらゆる用途を担っていた時代だからこそと言える。

ジーガー展を記念して、大阪・神戸から甲子園まで「愛犬電車」も走った。

飼い主・飼い犬ともにめかしこんで乗車した。知らずに乗り込んで腰を抜かす乗客もいたそうである。

何しろ大型犬なので、飼育に悩む飼い主も多かったろう。発情期の牝には木綿の褌（ふんどし）をさせると良い、などの知恵も記事になった。なかでも飼い主の女性たちの座談会は必読である。まだドライフードや犬用缶詰もなく、鰯・鮭缶・牛肉・レバー・鳥モモ・鶏のとさか・コンビーフ・兎の肉などなど、食事にも工夫をこらした。そして、皆さま「インネンドルフの犬ビスケット」をご愛用だった。

尻尾が巻きあがらないように、杉箸をしばって下がり気味になるよう癖をつけた、などというとんでもない告白もあった。

また、血統のいい仔犬をくれ、今すぐくれなどと言われて閉口する、という愚痴も、共通の悩みであったようである。

そして、ちゃんとあるのだ、楽しい楽しい親バカ噺（ばなし）も。

例えば、多頭飼いが嫌になって一頭に絞ろうと思ったら、出来のいいのから貰われていき、最後に訓練も受け付けないフリーダムな個体が残ってしまったという話。その後の珍騒動は傑作のひとことだ。シェパードの名前は「陸奥（むつ）」。

一度屋内に上げたらもうがんとして外飼いは拒否し、やむなく室内で九歳のフレンチプードル「メリちゃん」と同居して、ちゃっかり弟分になった。姉の方が強かった。夜はこっそりソファーで寝るので、根負けして毛布を敷いた。来客中に個室に閉じ込めたら、すさまじい狼藉をしでかした挙句、中から自分で錠をおろしてしまい、最終的に窓を破って入らざるを得なかったなど、現在ならフェイスブックの大スターになりそうである。

大型使役犬の王シェパードを、ただの愛玩犬として愛してしまう。そしてそれを歓迎する読者がいたのだ。婦人が飼う犬としてもオススメ、という記事もあり、女優の夏川静江も愛犬「ビルドリッヒ号」と撮った写真を投稿していた。「春の日が麗人と彼氏と…いや失礼…彼女とご愛犬の」云々という紹介文が可笑しい。

雑誌『シエパード』は、奈良の鹿守犬（しかもり）についても報じている。シェパードは本来牧羊犬なので、適材適所だ。二頭の鹿守犬は、ふだんは公園などにおり、夕方になると、吠えて鹿を集めた。

からいぬ盛衰記

川端康成は大正期から狆のミックス犬を飼い始めている。「黒牡丹」と名づけた。この頃から川端は犬を大量に飼う。

狆はもう、すっかり海外でも地位を確立していた。昭和五年（一九三〇）にパリで行われた世界的ドッグショーで、グランドチャンピオンとなったのは狆だったと言われる。その一方で、キング・チャールズ・スパニエルは、ドーム型の丸い頭の鼻ペチャ犬となっており、これを嘆いた愛犬家の行動から、英国の犬業界で事件が起こった。

ひとりのアメリカ人が、英国の伝統あるドッグショーであるクラフツショーを訪れ、愕然とした。ゲインズバラやファン・ダイクの名画で見慣れた、伝統的なキング・チャールズ・スパニエルが一頭もいなかったのである。

ショックを受けた彼はその後、自ら出資し、かつての伝統的なキング・チャールズ・スパニエル犬に多額の賞金を出すと宣言したのだ。具体的にはこうである。

チャールズ二世時代の絵画に見られるオールドタイプのブレナム・スパニエル（赤茶と白のツートンカラー）。長い鼻で、額と鼻の間に窪みがなく、頭部が平らで頭蓋骨（スカル）の中央にかけて傾斜の見られないもの。

残念ながらこのアメリカ人はすぐ亡くなってしまい、古（いにしえ）の王の犬をその目で見ることは叶わなかった。だがその後、王の犬は蘇る。そして興味深いことに、鼻ペチャ犬の方も消えることなく、結果として二つの犬種に分かれたのだ。

鼻が長く頭が平らな、チャールズ二世時代の古い姿の方が「キャバリア」キング・チャールズ・スパニエル（四一及び一五七ページ参照）。
そして鼻ペチャで頭蓋骨（スカル）がドーム型に改良された犬の方が、そのままの「キング・チャールズ・スパニエル」とされることになった。これは、狆やペキニーズの、かつて幕末期に西洋人たちが衝撃を受けた「ちんくしゃ」型の方が可愛らしいという美意識が定着し、根強かったためと思われる。名画が残っていたからこそ、起こったことでもあった。

英国では学術書『Dogs of China & Japan（中国と日本の犬）』が出版された。この本はかつての日本の南蛮貿易や、長崎の出島などについても記述があり、ウィリアム・アダムズやケンペルといった江戸時代に来日した西洋人から、昨今のメアリー・フレイザーに至るまで網羅した本格派である。この本によれば「ジョン・セーリスがリターン号で狆を持ち帰った可能性」が、一八一四年にすでに指摘されていた。また一八七二年にはキング・チャールズ・スパニエルが狆由来の犬種ではないか、と指摘されたともある。
犬のグローバル化は次の段階に移っていた。

大正十一年（一九二二）、上野で行われた平和博覧会には、花やかな帽子をつけた洋装の川上貞奴が、愛狆を抱いた写真が引き伸ばされ飾られた。彼女は帰国後も、絹の座布団の上で狆を寝かせ可愛がった。なお、庭にはハスキー犬のミックスがいたという。

大正天皇が病床にあるあいだ摂政となった裕仁親王は大正十年（一九二一）、皇位継承者として初めて外遊に出た。その際、イギリスから三毛のセッターを始め、各種猟犬をつがいで連れ帰ったといわれる。狩猟の本場イギリスでは、第一次大戦後の貴族の没落や、猟法改革などの影響が大きく、狩猟環境が激変していた。そして、最高品種犬の少数精鋭飼育から、外貨獲得のための大量生産犬の繁殖に向けて、大きく舵を切っていたのである。日本国内では、旧式猟銃の交換の時期を迎えたちょうどその時に、大戦後の欧州産格安銃の大量輸入が始まっていた。戦後の好況期でもあった。

しかし大正十二年の関東大震災が、外国人の一斉帰国と、ブリーダーの離散のきっかけとなってしまった。

そして大正十五年のクリスマス、大正天皇の崩御により、時代は昭和を迎えた。

シェパードは愛玩犬か、軍用犬か?

昭和六年（一九三一）、秋田犬が犬種として初めて、国の天然記念物に指定された。日本の犬が、新時代を着々と歩み始めたように見える。

だが同じ年、満州事変が勃発した。

すぐに「帝国軍用犬協会」が結成され、翌年には東京・北区赤羽に軍用犬養成所ができた。満州事変で「那智」「金剛」という軍用犬が命を散らしたことも知られている。誤解されることが多いが、彼らはあくまで伝令を役割としていた。

雑誌『シエパード』は、愛犬としてのシェパードと、実用犬としてのシェパードのあいだを彷徨(さまよ)っていたように見える。昭和八年の皇太子明仁生誕に祝福の記事を寄せたが、その年はヒトラーが首相となった年でもあった。


十二月、皇太子の誕生に、青島(チンタオ)に住む日本人は歓喜の声をあげ、青島神社は万歳の声であふれ返った。奇しくも、翌昭和九年は戌年であった。

正月七日、現地のシエパード犬倶楽部支部が中心となって、シェパードを連れた大行進が行われた。前日には在留邦人一万三千人の旗行列があったばかり。すべてのシェパードには、赤い縁取りをした白いキャラコに、背中に日の丸、両脇に「奉祝」と染め抜いた揃いの着物を着せた。飼い主も揃いの襷(たすき)をかけて、参加頭数およそ七十余頭。いずれも逸物揃いの犬に家族総出で総領事館まで練り歩き、皆で盃を上げて万歳三唱した。

大連や安東の税関では監視犬が活躍していた。満州では「五俠匪」と呼ばれる山賊集団と、満州鉄道警備犬の「エルツ」「ガンス」が死闘を繰り広げ、見事仕留めた。『はいからさんが通る』に描かれた「馬賊」のような凶賊が幅をきかせた時代だ。

男児用着物（1940年）　メトロポリタン美術館蔵

関東軍はシェパードをかき集めていた。当時、青島（チンタオ）はドイツから良シェパードを輸入するルートのひとつであった。

満州国皇帝となった「ラストエンペラー」溥儀（ふぎ）は愛犬家だった。清朝滅亡後、天津（てんしん）租界に亡命した際も、マスチフやシェパードを買い込んでいる。そんな彼に奉天の独立守備隊の保管犬のなかから甲功賞受賞の「ドル号」を献上した。ドル号を育てあげた貴

軍の部隊へ献納される軍犬　公益社団法人日本警察犬協会提供

志少佐は『シェパード』に記事を載せている。
献上の際、満州国皇城で模範演技を見せ、満場の喝采を受けた。翌年皇城を訪ねると、ドル号は飛びついてきたという。朝夕、自ら訓練し、共に運動していると、貴志に溥儀は語ったそうだ。

貴志は「クロード号」「シュタール号」などでも御前演技を行った。溥儀は寒風吹きすさぶ中で外套（がいとう）も着ず夢中で見守り、愛犬の誉れのあまり貴志は号泣したと回想している。

「平戦両時を通じて存在感を放ってこそ軍犬」というのが貴志の信条だった。その意味で、満州国は「軍用犬の檜舞台（ひのきぶたい）」だった。

だがお国の役に立つと主張すればするだけ、その貴重な犬を愛玩犬として消費するなど勿体ない、という声が湧き起こるようになる。

愛犬家の思いは複雑であった。

『シエパード』は次第に時代に応じた記事を増やしていく。「海外だより」のページには在伯林（ベルリン）通信として、シェパードとくつろぐ「家庭に於（お）けるヒットラー首相」という写真を載せている。ヒットラーは愛犬「ブロンディ」を最期まで傍に置いて愛したが、自決前、自ら毒殺したと言われている。

ヒトラーのあと首相を継いだゲッペルスも、家族と共に、笑顔でページを飾った。皮肉なことに、対するアメリカのルーズベルト大統領もシェパードを飼っていた。名前は「少佐（メイジャー）」。彼の愛犬はスコティッシュ・テリアの「ファラ」が有名だが、シェパードも飼っていたらしい。

ドイツが本場であるシェパードはナチスの影響で評判が落ち、代わりに「アルザス犬（アルザシアン）」と呼ばれるようになる。世界には現在でも、その名前で呼ぶ人びとがいる。

満州事変で散った那智・金剛二頭の五周年忌祭を迎えた頃、モナコで再び狆がグランドチャンピオンになった。

警視庁は犬の避妊手術に助成金を出し始めている。畜主に五円、医者側に五円。これも止まらない狂犬病の流行を防ぐ一助として、犬を殖やさない対策のひとつであった。フィラリア研究会も発足した。当時、狂犬病・フィラリア・ジステンパーが犬の三大疾病で、シェパードはジステンパーに弱い犬種と言われていた。

国内では、まだ戦火が遠かった。

甲斐犬・紀州犬に続いて柴犬が、天然記念物に指定された（のち土佐犬、北海道犬も指定）。前年に自身の『蝶々夫人』二千回公演を達成した三浦環（たまき）は、関東大震災の被害から復活した歌舞伎座で、イタリア語の『蝶々夫人』を演じた。

それは二・二六事件が起こった年でもあった。

犬だらけの川端邸

川端康成の犬道楽は続いていて、グレイハウンド、ワイアー・ヘアード・フォックステリアなど飼っていた（ボルゾイも欲しいと語っている）。ワイアー・ヘアードの愛犬「エリー」が産んだ仔犬たちを、腕いっぱいに抱えた笑顔の写真は有名である。この仔犬たちは宇野千代や坂口安吾に貰われていった。

『わが犬の記』に川端はこぼしている。自分は潔癖症だし、一頭に絞れない。愛犬家とは言えない。愛犬家の連中ときたら呆れるような振舞いをしてはばからない。彫刻家・藤井浩佑（こうゆう）は犬を腕枕で寝かせ、寝返りも打てないなどと言っている、など。

そんな風に揶揄しながら、反面、こうも書いている。「私も犬を寝床に入れはしても何かが肌に触れていると眠れない」。要するに一緒に寝ているわけである。
宇野千代は当時の川端邸を、こう回想している。

その頃は、家中犬だらけだった。書斎にもいたし、茶の間にもいた。第一、ごめん下さいと言って玄関の扉をあけると、いきなり二三匹塊って出て来てわんわんと吠え立てた。障子も破れていたし、坐ろうと思うとどこにでも犬の毛が落ちていた。「駄目ですよ、あなたさっき喰べたばかりじゃないの、」川端さんのおくさんは、大抵は犬と話ばかりしておいでだった。

当時、犬の窃盗が多発していて、高価な犬などひとたまりもなかった。「少し筋の通った犬ならば、門を出したら先づとられるものと覚悟しなければ」ならなかった。川端はコリーを盗られた際、「一月ばかりぼんやりして仕事が手につかなかつた」。
雪の谷中の墓地を真夜中に歩きながら、子供を失つた親心はこんなものであらうかと思つた。犬の声がみんなうちの犬に似てゐるやうに聞え、その度に家を飛び出すのだが、寝静まつた夜更けなぞは、十町も十五町も遠くで吠えるのが間近のことのやうに聞えるのであつた。

愛犬家の作家たちが、自らの犬愛について語る文章も数多く残っている。
室生犀星の家では、大正期に飼っていたブルドッグの「鉄」がジステンパーから九死に一生を得たのち、毎晩湯たんぽを犬舎に入れておくようになった。鉄は、湯たんぽに抱きつくようにして眠る。女中が湯たんぽを入れる際の「お温にしましたから、お休みなさいな」という優しい声を、室生は忘れられなかったという。
川端康成は『わが犬の記』を、こんな文で結んでいる。

歯茎を見せて笑ふ犬も、私の家にゐた。涙をぽろぽろ流して泣く犬も、私の家にゐた。

当時、犬を愛した人びともさらにふり返ってみよう。
西郷従道の秘書官だった伊東義五郎海軍中将は、フランス軍人の娘と結婚した。日本軍人初の国際結婚だったらしい。彼の娘たちが、日本駐在シャム（現・タイ）公使邸の庭園で、公使の令嬢と撮った写真では、義五郎の娘の千代子・マルゲリートが狆を抱いている。エキゾチックな顔立ちの千代子が、日本庭園で狆を大事そうに抱えているのはちょっと不思議な光景だ。

福井松平家の康愛（やすよし）少年は、ポインターらしき仔犬を抱いて写真に残っている。彼は松平春嶽（しゅんがく）の血を引いた康昌と、徳川宗家十六代目の家達（いえさと）の娘・綾子とのあいだに産まれた。半ズボンの洋装姿でしっかりと仔犬を抱えて、カメラを見据えている。

康愛は帝大を卒業したのち海軍に入隊し、終戦間近、フィリピンで戦死した。役者のような美男子で、妻の久美子（徳川慶喜の孫）とは六歳違いだった。

久美子もまた愛犬一家に育ち、大きなシェパードの「イチコウ」と一緒に撮った写真が何枚も残っている。康愛の戦死後に久美子は再婚したが、そちらでも犬を飼った。

また、徳川宗家十七代目・家正の娘である豊子は『春は昔――徳川宗家に生まれて』で、兄のことを回想している。

兄・家英は動物好きで、学寮でも「テル」という斑（ぶち）の犬を飼い、本邸室内でサモエドも飼ったという。彼は東北帝大在学中、敗血症で早世した。宗家の断絶を恐れて会津松平家から迎えられたのが、当代の松平恒孝である。松平容保と、鍋島直大の孫にあたる。

伏見宮家の博義王・博英王兄弟は、二人とも狩猟好きで「狩猟の宮」と呼ばれていた。どちらも軍人で（皇族はすべて軍人であった）、博義王は猟犬の改良に邁進し、セッターを好んだ。対して博英王は弾道学に詳しく、ポインター派だったという。

開戦前に博義王は病没、博英王も開戦直後に戦死した。

ラッシー誕生のアメリカから

アメリカが運んできた微笑ましい犬のエピソードが残っている。

昭和十四年（一九三九）、駐米大使であった斎藤博が現地で病没した。このとき、重巡洋艦アストリアで遺体を運んだのが、のちに硫黄島の戦闘にも参加したリッチモンド・ターナー大佐である。米国では「テリブル・ターナー」として知られており、癇癪と酒癖のすさまじさ、軍人としての成果が全米に轟いていた。

と同時に、すこぶるつきの愛犬家、愛妻家でもあった。

各紙は、昭和天皇との会見などを報じつつ、彼の愛犬家ぶりも熱心に伝えている。談話によると、来日は実に四度目だった。十年前には愛妻と共に、日光や宮ノ下、鎌倉などを歴訪し、狆を購入して帰った。カリフォルニアの留守宅では妻が「チョーチョー」「ニッカウ」「ニンギャウ」という三頭を飼っているという（『読売新聞』昭和十四年四月十八日）。

そして彼は、日本橋で新たに「タロウ」「サクラ」の一つがいを購入して帰国した。


戦時中の昭和十八年（一九四三）、アメリカで映画『家路』が封切られている。ヒロインはのちの大スターであるエリザベス・テイラー。まだ子役である。そして、もう一方のスターが一匹のコリー犬で、名前は「パル」。ハリウッドの伝説的プロデューサーであるルイス・B・メイヤーはパルのオーディションをこう語ったという。

「パルは水に飛び込んで行き、ラッシーとして水から上がってきたんだ」

ちなみに「ラッシー」は設定としては牝犬だが、パルは牡だった。そしてアメリカには空前のコリー・ブームが訪れる。

軍人を慰めた犬

親しく訓練したシェパードを、軍に献納することが奨励された。それは富裕層にも庶民にも、等しく降りかかった戦時の現実であった。戦争末期になると、今度は毛皮や肉のためという名目で「犬猫の献納運動」がますます広がった。

それは日本だけでなく、ヨーロッパなどでも同様であった。犬が世界の街中から消えていったのだ。

一方、戦地では、犬を愛することで心を満たすものが現れた。

ノンフィクション作家の神立尚紀（こうだちなおき）氏は、当時の中国戦線江西省の九江（きゆうこう）基地にいた「蔣介石」という犬について報じている。基地では迷い込んできた犬に、敵国指導者の名をつけて可愛がっていたのだ。何人もの軍人が、この犬を抱いて撮影されていた。

この基地に駐屯していた第十二航空隊にはほかにもシェパードの「ジロー」がいて、犬好きの隊員が犬係に任命されていたという。隊員異動の際は、飼い犬の引き継ぎもあった。

海外でも、救助犬・軍用犬以外に、軍人たちを癒す役割で活躍した犬たちが記録されている。動物たちに与えられる勲章で、功労されたものもいた。


特攻隊員たちともなると、犬たちへの愛着もひとしおだったろう。

『特攻隊員の現実（リアル）』では、富嶽（ふがく）隊の石川廣中尉が出撃の前に、日頃可愛がっていた仔犬の頭を微笑みながら撫でていたと報じられている。

有名な写真として残った犬もいる。沖縄戦の特攻隊に、振武（しんぶ）隊と呼ばれる隊があった。

そのなかの第七十二隊は自ら「ほがらか隊」と名乗っていた。彼ら少年兵が、笑いながら集った写真がある。隊員のひとりである荒木幸雄は中央で仔犬を抱いて微笑んでおり、

子犬を抱いた少年兵

この写真は今も「子犬を抱いた少年兵」と呼ばれている。『産経ニュース』二〇一五年の「戦後七〇年特集」によれば、犬の名前は「チロ」だった。皆で「大きくなれ」と声をかけ、可愛がっていた。

荒木は昭和二十年（一九四五）五月、駆逐艦ブレインに特攻して戦死したとされる。

まだ、十七歳であったという。

コラム　想い出のサン、フラン、シスコ——吉田茂と犬

戦時中、軍用犬としてのイメージが強かったシェパードを、子どもの味方、家庭の犬としてイメージチェンジさせたアメリカのテレビ・シリーズ『名犬リンチンチン』の成

功を受けて、もちろんのことだが、早速「和製版」も作られた。

まず、大映映画で『名犬物語　吠えろシェーン』が製作・公開された。その後、テレビでも『少年ジェット』というドラマが作られる。

どちらも当時、全日本ドッグショーでリザーブ・チャンピオンとなった「シェーン号」が、そのままシェーン号として活躍した。この一頭の名犬をめぐって繰り広げられたドラマをご紹介しよう。ちょっと驚くほど面白い。


シェーン号を「欲しい」と強く願ったのが、吉田茂であった。

早速、大映に問い合わせると、シェーン号はすでに譲られたあとだった。行き先は尾張の徳川義親のところである。松平春嶽の実子で、尾張家を継いでいた。シェーン号は、義親の飼っていたシェパードのお婿さんとなっていたのである。

では、産まれた仔犬を、と願うも、これももう行き先が決まっていた。

まず、一頭は東宮御所に貰われていき、明仁親王（現・上皇）の飼い犬となった。親王は後述する秋田犬の「多摩号」を亡くしたあと、コリーを飼っていたが、そこにシェパードも加わったのである。言ってみればラッシーとリンチンチンを一緒に飼ったわけで、「アナスタシア」と名づけられた。

もう一頭は警察犬になった。ネクタイ一本から強盗犯を検挙したこともあったという。

諦めきれない吉田に朗報が届いた。シェーン号は、別のところでも縁組をしていたのである。なんとお相手は、女優の若尾文子の飼い犬「ベニー」だった。

吉田の希望は叶えられ、五頭産まれたベニーの仔犬のうち牝一頭が、吉田宅に届けられた。その際の様子が当時の『週刊平凡』で報じられている。

ブルーのスーツに身を包んだ若尾が仔犬を抱いて大磯の吉田邸を訪れると、愛犬たちを伴った吉田本人が出迎えた。

「なんと名づけようかねぇ。初めて産まれた子には頭文字にAをつけるというし、アヤコにしようか」と冗談を言って若尾を笑わせたという。その後、ランチを食べ、八頭いた犬をすべて若尾に紹介した。

吉田は当初、トレードマークのガウンに白足袋、ベレー帽という姿であったが、記事のために和装にあらため、機嫌よくポーズをとった。

取材嫌い、写真嫌いで知られた吉田だけに、取材陣も若尾も呆然としたらしいが、和やかに一日は過ぎ、めでたくシェーン号の子どもが吉田家に加わったのだった。

吉田の犬好きはあまりにも有名だ。

サンフランシスコ講和会議の際、秘書の林和彦氏の手配でペットショップ「ロビンソン」からケアーン・テリア二頭を購入した。テリアとしては最古種で、映画『オズの魔法使』で主人公ドロシーが抱いていたトトと同じ犬種である。吉田はすでに「シェリイ」「ブランデー」「ウィスキイ」という三頭も飼っていた。

吉田はこの二頭に「サン」「フラン」と名づけた。のちに子どもが産まれ、「シスコ」と命名。林は「林和彦恵存　大磯吉田茂」という署名入りの、「サン」「フラン」を膝に抱いて破顔した吉田の写真を貰ったそうである。

現在でも大磯に残る旧吉田茂邸には「サン」を始め、吉田の愛犬の墓が残っている。大磯には鍋島家の別邸もあり、獅子文六によれば、犬係が二十頭以上のシェルティを散歩させていた。

吉田が没したのは昭和四十二年（一九六七）。愛新覚羅溥儀（あいしんかくら）が没して、三日後のことだった。

吉田茂とケアーン・テリア　大磯町郷土資料館提供

第十二章　ドッグ・トゥ・ザ・フューチャー——戦後から現代へ

B-29が犬を運んだ

昭和二十年（一九四五）、終戦。満州国では、皇帝溥儀が退位した。

青山光子は真珠湾攻撃前、三浦環は首里城陥落の一年後、川上貞奴はその半年後にこの世を去っている。愛犬の歴史は、あらゆる意味で、次章に移る。

都市部の空襲は、密かに暮らしていたかもしれない小型犬からも、生き延びるチャンスを奪った。特に終戦間近の東京大空襲はすさまじく、三浦環が歌った歌舞伎座の屋根は焼け落ち、高村光雲の狆が飾られていたはずの明治宮殿は全焼した。

だが、深刻な食料難にもかかわらず、さまざまな犬種が思いのほか早く姿を見せ始める。いったい、どこから来たのか。

謎解きをすると、魔法の杖を振ったのはマッカーサーだ。昭和二十三年（一九四八）のクリスマス、占領下日本の民主化成功を祝って彼が駐留兵士たちに贈ったのが「キャンプ内での犬の飼育制限解除」であった。マッカーサー自身が愛犬家で、白い秋田犬や柴犬のミックスも飼っていた。

極東のキャンプに詰める兵士たちは争って犬を取り寄せた。B-29が大流行していたコリーを始め、大量の犬を運び、キャンプに犬の鳴き声が響き始めた。ドッグボーイとして雇われた日本人もいた。ここで産まれた仔犬たちが、やがて日本人の手にも渡っていく。

米軍にいたのは、兵士家族の愛犬だけではなかった。米軍は立川基地に、約五百頭のジャーマンシェパードを抱えていた。

役割は歩哨（見張り）犬である。一日二回の食餌で肉缶五〇〇グラムを六缶ずつ。それでも費用の点から見て憲兵五人より、一人と一頭のコンビの方が安あがりで、しかも警備能力が高かったという。だが大きな問題があった。

当時、狂犬病と、シェパードは特に罹りやすいと言われたジステンパーが流行中だった。そのうえ日本は、蚊が媒介するフィラリア（犬糸状虫）の濃厚感染地として世界的に有名だった。立川基地の獣医官たちは、貴重な犬の損耗に悩み抜いた。

戦後日本の犬の復興には、海外勢が深く関わっている。例えば昭和二十三年に発足した「日本動物愛護協会」の中心には、日英米混成の有志がいた。

昭和二十五年（一九五〇）、狂犬病予防法が施行された。これはGHQの強力な後押しで施行された、初の狂犬病単独法である。七年後、ついに狂犬病は撲滅された。

その後、ジステンパーには、効果的な予防薬が開発された。予防接種が普及した現在ではすでに稀な疾患となってる。問題はフィラリアだった。

日本獣医畜産大学（現・日本獣医生命科学大学）の黒川和雄は、自著『犬フィラリア症の歴史』の中で、当時のことを回想している。

昭和二十九年当時、助教授であった黒川と、東京農工大学の久米清治教授の二名に対し、立川空軍基地のバルチ獣医大佐から要請があった。昭島の憲兵隊ゲートで大佐自身が迎えてくれ、ジープで歩哨犬センターに向かった。

居並ぶ屈強なシェパードたちは、厳しい訓練の傍ら、獣医官たちにケアされていた。米軍が用いていたのはカリサイド（ジエチルカルバマジン剤）で、すでに心臓血管内に寄生していた成虫にはカパルソレイト（砒素剤）を処方していた。

それに対して黒川は、開胸して心臓から寄生虫を直接除去する画期的な外科的治療を行っていた。また久米は、先進的な化学療法での確かな実績を誇っていた。

米軍は大いに興味を持ち、極東空軍獣医総監ビル中将が黒川の手術を見に大学まで訪れた。その後、黒川が空軍ドッグセンターで手術を行った際は、米軍獣医関係者が詰めかけたという。

もっとも米軍は、その後も費用の点から薬物療法を採用し続けた。さらに、犬の購入を日本以外のハワイや本土から行って、フィラリアに寄生された犬そのものを避ける道を選ぶ。が、このフィラリア撲滅を通じて、日本獣医療界が一躍注目されたことは事実であり、その評判は米軍関係者、特に愛犬家に伝わっていった。

江戸時代より、日本の獣医療は武士の動物である馬を中心に発展した。明治からは牛など産業動物も加わっていたが、戦後は最初から小動物臨床も重視されたのである。

のち、昭和五十五年（一九八〇）になって、画期的な予防薬ストレプトマイシンが開発された。

ちなみに平成元年（一九八九）のアメリカ映画『K-9／友情に輝く星』に、負傷した警察犬を思い余って人間の病院に連れ込む展開がある。突飛に見える展開だが、そうでもない。

アメリカン・コッカー・スパニエルの愛好家である評論家・江藤淳は、愛犬「アニイ」が肺気腫の疑いで入院した際のことを書いている。獣医学科の大学病院ですら設備が整わない時代で、アニイはこっそり人間のX線科で検査してもらった。「江藤アニ子」というカルテをつくったそうだ。

秋田犬とアメリカン・アキタ

日本シェパード犬協会や日本犬保存会は早くから復活を目指していたが、畜犬商やブリーダーたちはそうはいかなかった。

ジャパン・ケンネル・クラブの創立者のひとり坂本保は畜犬商であったが、戦後、業界を離れていた。だが噂を聞きつけた米軍将校たちが、県警のパトカーに先導されて来たという。

言うことは、みな同じだった、「犬はいないか」。

なけなしの犬を譲ってみたところ、米兵だけでなく、新興成金、豪農などが門前市を成した。警察組織がまだ充分に機能しておらず、番犬の需要も高かった頃である。

坂本は、知己の畜犬商やブリーダー宛てに、八百通問い合わせを出した。が、返信があったのはわずか百人足らずであったという。まずは彼らに、電報で犬を注文するところからスタートした。

国内の犬の不均衡は、相変わらずだった。洋犬は入ってくるが、日本犬は、せっかく生き残った秋田犬や狆の個体も海外に持って行かれてしまう始末だ。秋田犬は体格の大きさと、愛嬌のある顔立ちがアメリカ人に好まれ、人気が沸騰した。このとき連れ出された秋田犬たちの子孫がアメリカで発展し、こんにちでは「アメリカン・アキタ」という独自の犬種になっている。

アメリカン・アキタ

戦時の金属供出で失われたハチ公像が再建されたのは昭和二十三年（一九四八）である。ヘレン・ケラーは再びこの像を見学している。
同じ頃、一頭の秋田犬が明仁親王に献上された。
明仁親王はそれまでにも犬を飼っていた。だが、よりたくましい犬を飼いたいと本人が希望したらしい。関係者は秋田犬かシェパードかで悩んだというが、もしシェパードが傷害事件など起こしたら天皇制が危ない、と危惧した。
その頃、昭和天皇の要望で、アメリカからヴァイニング夫人が明仁親王の家庭教師として赴任していた。彼女はリベラルで進歩的な、クリスチャンらしい教育を授けていくなかで、こう諭した。

犬をとっかえひっかえなどということをしてはいけない。責任を持って、終生、慈しんで大切に飼うこと。

明仁親王は、連れてこられた秋田犬に「姓は小金井、名は多摩号」と自ら名づけ、昭和三十三年（一九五八）に九歳で没するまで、大切に飼った。飼い始めた翌年の元日の新聞には、多摩号を曳いて歩く親王の写真が一斉に掲載された。


この多摩号献上にも一役買っていた前述の坂本は、これをひとつの契機にしたかったという。当時、ドルを稼げるのはシェパードであったが、純粋な日本犬を繁殖させてこそ、その復興ができる。皇室が飼うことでブリーダーたちのモチベーションを上げたい。坂本は皇太子の侍従たちにも、その旨を縷々説いたという。

しかしその頃、呉港の英軍からの要請で、日本畜犬合資会社は訓練済みのシェパード三十五頭を納めた。これを皮切りに、最終的には昭和三十五年までに一四三〇頭、六五〇〇万円以上の外貨を獲得する。結局は、まずはシェパードからだった。

犬を殖やして外貨を稼ごう

犬は、けっこうな外貨を稼げる！

畜犬団体側は、犬を殖やす必要性を主張するようになった。戦時中の軍用犬の悲劇を思えば複雑であったが、国中が復興に向け邁進するなかで、犬に貴重な食料を提供するためにも正当性が必要だったのである。

まずは統括団体の発足が急務だった。洋犬の純血種を管理するにも、絶滅寸前の日本犬を保護するにも、血統書を発行・管理する団体は不可欠であったからだ。

権威づけの会長職には、第一次吉田茂内閣で蔵相を務めた石橋湛山（たんざん）を、そして総裁には吉田茂の前総理であった幣原喜重郎（しではらきじゅうろう）を選んだ。

幣原は、妻が岩崎弥太郎の四女という縁で、関東大震災後、六義園に住んだこともあった。本書の犬ネタにつながる人物である。

彼ら重鎮に向かって坂本らは説いた。

日本に二百万頭いる犬には配給がない。いまは闇飼料で養っている。外貨を獲得できる犬を殖やし、復興に貢献させるべきだ。そのために公益法人が必要である。

経済学者でもある石橋は、その主張に納得した。幣原も興味深いことを言った。

「先日、友人の松平恒雄が、井戸のポンプの部品を盗まれたとき、犬が泥棒を捕まえたのだというのだよ。いろいろ事情もあるのだねぇ。よろしい、名誉総裁などと言わず、実質的な総裁になりますよ」

昭和二十四年（一九四九）、社団法人全日本警備犬協会が発足する。そんな名称になったのは、番犬が求められていた世情を汲んでのことだった。池之端の記念展には、シェパード、スピッツ、貴重な日本犬など二四〇頭と共に、明仁親王の「多摩号」も特別に出陳され、注目を集めた。

三年後、特許庁にジャパン・ケンネル・クラブ（ＪＫＣ）を名称登録した。

戦後、七年しかたっていなかった。

マッカーサーの連合国軍最高司令官罷免直後、サンフランシスコ平和条約が調印。翌一九五二年に発効され、ＧＨＱによる占領は終わりを告げた。

現在まで続く老舗雑誌『愛犬の友』の創刊は、ＧＨＱによる占領が終了した年のことであった。翌年、秋田犬がすっくと立った二円切手が発行された。

昭和二十六年（一九五一）、『文藝春秋』に載った坂口安吾の「秋田犬訪問記」は、当時の実情を伝えている。

川端康成から仔犬を譲り受けたひとりでもある安吾は、当時すでに生後五ヶ月になるコリーや、一歳三ヶ月ほどの中型ミックス犬を飼っていた。

彼は言う。秋田犬のホンモノは稀で、東京では日本橋の犬屋ワシントンに名犬「出羽号」の何世だかの牝犬が一頭いるだけ。あとはたいてい三河犬とのあやしげなかけあわせである。本場秋田の大館でも、やっと三百頭ほどいるぐらいの払底ぶりなので仕方ない。保存会に頼み込めば、生後五十日くらいの仔犬が一万五千円ぐらいで手に入るかもしれないという。近親交配が行き過ぎて、仔犬も少なかった。

純血種をいきなり飼うのはオススメしない。そのへんの駄犬でひととおり犬の病気を知ってからでないと、高いおカネを払ってもすぐ死なせてしまったりするから気をつけろ、というのが坂口の主張だった。

この執筆当時すでに作家仲間の檀一雄から、三万円払っても秋田犬が欲しい、と言われて閉口している、もてあましてウチに持ち込まれたらエライことだ、と書いているのが面白い。

しかし檀は秋田犬を手に入れたらしい。ほかにも犬を飼っていた檀は、秋田犬を「ドン」、もう一頭を「ファン」と名づけた。ドンは臆病だった。ある日、花火の音が響くなか帰宅してみると、生後二ヶ月の赤ん坊にぴったりくっついて、花火をやりすごそうとしているドンがいた。犬の方が三倍も大きいのが微笑ましく、檀はしばらく眺めていたそうだ。もちろん、この赤ちゃんが檀ふみである。

坂口は、ボルゾイもいいなぁなどと書いているから、洋犬を手に入れるルートは結構あったのだ。だが秋田犬は難しいという。それが当時であった。

狆また昇る

同じく壊滅的状況であった狆の復興を目指したのが、愛犬の友社の小川菊松や伊藤次郎であった。昭和三十二年（一九五七）に第一回集会を行ったという「日本狆クラブ」の写真を見ると、彼らを始め池田宣政（のぶまさ）、鍋島直泰（なおやす）夫妻といった旧華族、そして東久邇盛厚（もりひろ）と成子（しげこ）内親王夫妻ら旧皇族など、錚々たるメンツが揃っている。

須永政三という狆の繁殖家もいた。彼の畜犬舎「桃花荘」は当時有名であった。彼ら全員愛狆家だが、「日本コリークラブ」とかけもちしている者も多かった。にもかかわらず狆のために行動を起こした要因は、狆の危機的状況にあった。

東久邇盛厚も含む皆が、地道に狆探しを行った。須永が戦後に全国を回った際は、わずか三十頭弱しか確認できなかったという。はるばる訪ねて行って、すでに繁殖の望みのない老狆が出てきたり、単なる雑種犬であったりと、悲喜劇が数多くあったようである。

狆のスタンダード基準を決めるにも、海外から逆輸入する有様であった。

とにもかくにも、盛厚を会長に保存会をつくった。夫人の成子も自ら狆のお産の面倒を見て繁殖に貢献し、会合があれば下町の安レストランに気軽に出てきたという。

桃花荘の須永は、狆の改良にも苦心を重ねた。米英では、運動もさせた足腰の確かな良狆が増えており、油断はできなかった。須永が目指したのは口吻がピンク色の狆である。天保期に「森田屋口」という名で流行したことがあり、須永は祖母がそんな狆を飼っていたことを覚えていた。

白黒の狆の口元がピンクというのはなんとも優雅な配色で、それに加えて「弥生の雛壇に飾っても相応しい最小の狆」というのが彼の理想であった。これはあながち夢ではなく、江戸時代の「犬猫も同坐して寝る雛哉」という一句が残っている。小さい、軽いというのは、女性が抱き歩く小型犬である以上、大きなアドバンテージである。それらが結実したのが当時、名狆の名をほしいままにし、全国に名を轟かせた「桃太郎号」であった。

それにしても日本狆クラブはセレブリティ揃いである。昭和三十三年の第一回観賞会には、女優の木暮実千代や司葉子までが狆を抱いて並んだ。

この年は終戦後二度目の戌年に当たり、安産の御守を求める人が水天宮に詰めかけた。三越では一週間ぶっ続けのドッグショーが行われ、海外のジャッジも来始めた。

海外でも通用する、今まで以上に権威ある血統書が求められていた。日本は昭和三十一年に国連加盟を果たしていたが、畜犬業界が目指したのも「国際畜犬連盟（ＦＣＩ）」への加盟であった。

源田實と「三笠号」

この頃、またひとり、すこぶるユニークな人物が日本の愛犬史に登場する。元海軍大佐。編隊アクロバット飛行で知られ、五三〇〇時間を超える飛行時間記録を誇ったパイロットである。昭和三十四年（一九五九）には航空幕僚長に就任した。五十代でなお、マッハ2で飛べたという。源田實である。

超級の愛犬家であった。室内にスピッツ四頭、マルチーズ一頭、柴犬も一頭いて、さらに屋外にはずらりと秋田犬が三頭。犬だけでおさまらず、その上に鷹、鸚鵡、猫まで飼っていたというからものすごい。

いつも朝五時に起きて、夫人と愛犬の散歩をした。「飛行機乗りは目が大事だ。早起きして犬と散歩するのが一番よい」というのが持論であった。

彼は坂本らと親しく、ヨーロッパ視察の合間にドイツのシェパード展覧会に足を運ぶなどしたという。のち政界入りするが、ジャパン・ケンネル・クラブの副会長も務めた。その源田が、思わぬ「狆の橋渡し」をしたエピソードがある。

昭和三十八年、当時の駐日ドイツ大使夫人が源田のところに相談に来た。大使夫妻も良血統のアフガン・ハウンドを複数飼っていたが、このときの相談はドイツの狆のことであった。

元ドイツ畜犬連盟の会長オットー・ボルナー氏からの依頼で「良血統の狆の種牡が欲しい」というのである。当時、ドイツの狆の繁殖は近親交配が過ぎて行き詰まっていた。

長老ボルナー氏の発言力は侮れない。FCI加盟を叶える一助になればと良狆探しの結果、横浜の「華乃鎌倉」犬舎から「三笠号」が選ばれた。優雅な三笠に大喜びした大使夫人に伴われ、ルフトハンザで三笠号は海を渡った。

その後、ボルナー氏の強力な口添えもあり、無事、日本はFCI加盟を果たす。

その翌年の昭和三十九年、東京五輪の開会式では、源田の尽力のもと、ブルー・インパルスが五色のスモークで五輪を描いた。

マッカーサーが没して、半年後のことであった。


ちなみにこの東京五輪開催までを描いた二〇一九年の大河ドラマ『いだてん』で、戦前の昭和七年（一九三二）のロス五輪が描かれた際、選手村で黒いスコティッシュ・テリアが可愛がられる様子があった。これは実話である。名前は「スモーキー」。非公式ながら、彼が初の「五輪マスコット」と言われる。

　五輪の公式マスコット制定は東京五輪の次の大会からで、一九七二年のミュンヘン大会ではダックスフントの「ワルディ」などがマスコットになった。

犬ぞり犬を助け出せ！

　明仁親王ご成婚の昭和三十四年（一九五九）、日本の犬史上の大事件が起こっている。前年に南極観測基地に置き去りにされた樺太犬たちのうち、タロとジロの兄弟が生き残っていたのだ。

　前年、稀に見る悪天候のため観測隊の引き継ぎが不可能となり、犬たちの置き去りが避けられなくなると、日本犬研究家・斎藤弘吉を筆頭に犬の救出を求める声が起こり、出産したばかりの母犬と仔犬はかろうじて運び出した。三毛猫のタケシも宗谷に帰還している。が、輸送のキャパシティの限界で、残り十五頭は運べなかったのだ。

　彼らは犬ぞり犬であった。犬ぞりは天明期から記録があり、間宮林蔵も利用した。樺太犬は立ち耳で巻き尾の大型犬で、長毛種も短毛種もいる。従順かつ温和だが嗅覚・聴覚は鋭く、仲間意識や帰巣本能が強く、耐久力や耐寒性にも優れていた。マイナス四〇度の極寒地の屋外でも生活できたという。記録を見ると飼料にはドッグフード缶（一缶三ポンド）、ドッグミール（ドッグフードを粉末化したものらしい）、身欠き鰊（にしん）や乾鱈（ほしだら）、マーガリンなどを携行している。「犬ペミカン」という明治製菓のビスケットは、一頭分が一日六〇枚であった。獣医関係者は基地に同行できず、急いで教育された看護師が常駐した。

ジロは発見の翌年、基地で病死したが、タロは北海道大学で可愛がられて、十四歳まで生きた。

盲導犬第一号

盲導犬は昭和三十二年（一九五七）に国内犬第一号「チャンピイ」が誕生している。

警察犬は大正元年（一九一二）に訓練済みの犬が輸入されたが、戦後十年で国内養成が始まる。現在ではシェパードやドーベルマンに加え、コリー、ボクサー、エアデール・テリア、ラブラドール・レトリーバーとゴールデン・レトリーバーの七種が指定されている。ほかに民間嘱託犬の認定試験があり、平成二十二年（二〇一〇）、初めて小型犬が採用された。ミニチュア・シュナウザーの三歳牡・くぅちゃんは体重六キロ。「クリーク号」として和歌山県警に勤めた。翌年、奈良でロングコート・チワワの七歳「桃号」が捜索救助犬として任務についた。体重わずか三キロの、小さな捜索者であった。同じ年、日本犬としては初めて柴犬の「二葉号」が岡山県警で採用され、その後、災害救助犬としても活躍した。

災害救助犬が注目を集めたのは平成七年（一九九五）の阪神・淡路大震災である。このとき、スイスとフランスの犬が活躍したため、国内での導入が検討され、翌年、認定試験が始まった。日本での活躍例は、古くは明治期の八甲田山遭難事件で、アイヌと彼らの猟犬である北海道犬が救助に当たったという記録がある。

麻薬探知犬は昭和五十四年（一九七九）にアメリカから輸入された。税関では現在、麻薬のほかに銃器・爆発物なども探知犬が捜索している。

のらくろからチョビへ

「リンチンチン」「ラッシー」は昭和三十年代になって日本でもテレビ放映されたが、国産のメディアから起きた犬ブームもご紹介しよう。

皮切りは戦前の漫画『のらくろ』であろう。国内初の「犬キャラ」である。戦後はアニメにもなった。タイトルのとおり、「野良犬」の「黒犬」が主人公である。ほかにブルドッグやテリアが登場した。

そして昭和五十年（一九七五）にはアニメ『フランダースの犬』が放映された。画家ルーベンスの名前はこれで日本に浸透したと言っていい。主人公ネロと寄り添って生きるパトラッシュに涙しなかった者はいないだろう。

実はパトラッシュの犬種は、原作には「この地方の大型使役犬」としか書いていない。フランダース地方の労働犬と言えば、ブーヴィエ・デ・フランドルだが、アニメではセント・バーナード的なフォルムで描かれた。セント・バーナードは『アルプスの少女ハイジ』（登場犬の名前はヨーゼフ）や『あらいぐまラスカル』（ハウザー）にも登場していて、認知度が高まっていた。

なお、『フランダースの犬』などの主題歌を作詞した岸田衿子は、アメリカのコミック『Peanuts』（スヌーピー）を翻訳した谷川俊太郎の最初の妻である。世界一有名なビーグル犬スヌーピーより、「のらくろ」の方がはるかに誕生は早かった。

『フランダースの犬』の六年後、今度はＮＨＫが『名犬ジョリィ』を送りだし、ピレニアン・マウンテンドッグという純白の大型犬を世に知らしめた。

これらのアニメは海外でも爆発的な人気を博している。

そして昭和五十九年（一九八四）に、日本とイタリア合作でアニメ映画『名探偵ホームズ』が誕生する。宮崎駿も参加し『風の谷のナウシカ』と併映されたため、現在でも人気が高い。あの『シャーロック・ホームズ』のキャラクターを犬の擬人化で表現し、原作のエッセンスを巧く取り入れた本作には、美しい背景や、生き生きしたキャラクターの動き、名優たちの演技など数々の美点がちりばめられている。

ひょうひょうとした好青年風ホームズは原作とイメージが違うが、広川太一郎の名演で印象深い。ボーダー・コリー的なビジュアルで、すらりとした長身は原作どおりだった。

ワトスンは真っ黒いスコティッシュ・テリア。

ハドスン夫人は原作より若々しいレディで、トイ・プードルではないだろうか。レストレード警部はブル・テリアか。そしてモリアーティ教授は、パープルっぽい配色で描かれたハスキー犬的イメージであった。

さて、そのハスキー犬は、急激にブームとなった犬種である。きっかけは疑う余地はない。北海道大学（作中ではH大学）獣医学部を舞台にした人気漫画『動物のお医者さん』である。雑誌『花とゆめ』で昭和六十二年（一九八七）から連載された。

キャラクター設定の巧さに定評のある佐々木倫子（のりこ）が、北海道在住の強みと綿密な取材で創ったこの漫画によって、北大や獣医学部を志す受験生が激増したと言われている。また、犬ぞりレースなどについても本作で知った人は多い。

主人公ハムテルの愛犬チョビ（ハスキー）を始め学生や教授陣たちの愛犬のおかげで、当時一般的だった犬種がわかる。ゴールデン・レトリーバー（名前は平九郎）、ヨークシャー・テリア（二階堂アンと、スコシの二頭）、シャーリー（ポインター）、セント・バーナード（ナツコ）、柴犬（源三）、ポメラニアン（ケン）などなど。

ハスキー犬が暑さに弱いことなどもきちんと描かれていた。堂々たる大型犬であり、寒冷地の犬である。ブームに乗って飼い始めてしまい、難儀する人が多かった。犬を飼うに当たっては知識が不可欠であることを、ハスキー犬の流行とその飼いにくさが知らしめたと言えるかもしれない。

闘志まんまんなのにどこかトボけた犬ぞり隊のリーダー犬シーザーの「オレはやるぜ」というセリフなどを、今でも懐かしく思うファンは多い。

映画では『南極物語』（一九八三年）だろう。タロとジロを題材にしている。『影武者』の記録を塗り替え、『もののけ姫』まで歴代映画興行成績第一位だった。元観測隊員が監修している。出演した渡瀬恒彦は犬と信頼関係を築くべく、撮影前から出演犬と一緒に生活し、撮影後は引き取ったと伝えられている。『南極物語』は平成二十三年（二〇一一）にはTBSの開局六〇周年記念番組として、木村拓哉主演のドラマ（『南極大陸』）

にもなった。二〇一三年の東京タワー近辺再開発計画の際には、入口にあった「南極カラフト犬記念群像」が立川の国立極地研究所　南極・北極科学館前に移設されたことが報道された。

一方、ハチ公は、仲代達矢主演の『ハチ公物語』が二〇〇九年にリチャード・ギア主演で『ＨＡＣＨＩ　約束の犬』としてリメイクされた。

新しいスター犬の誕生と、そのメディア化もあった。

平成二十三年、青森県西津軽郡鰺ヶ沢(あじがさわ)町に住む長毛の秋田犬「わさお」が日本ユネスコ協会連盟によって「世界遺産活動特別大使・ワンバサダー」に任命された。迷い犬出身のわさおは「ぶさかわ犬」としてブログで人気を博し、鰺ヶ沢町の町おこしに抜擢され、自身が主演した映画『わさお』も公開された。

CMで活躍する犬

犬のブームには、ＣＭの果たした役割も大きい。

人気テレビ・シリーズ『刑事コロンボ』の主人公コロンボ警部の愛犬「ＤＯＧ」はバセット・ハウンドである。

ヨレヨレのコートのしょぼくれたコロンボと愛犬のコンビは、長いシリーズの中で常にファンが登場を待ち望んだ「お馴染みの光景」であった。しかしバセット・ハウンドの日本での浸透には、もっと興味深い歴史があるのだ。

昭和三十三年（一九五八）、世界初のカジュアルシューズブランドとして誕生した「ハッシュパピー」の広告である。ベルベットとジャスミンという姉妹犬だったと言われている。革新的な「履きやすい靴」は早々に日本にも上陸し、と同時に愛らしい犬のロゴが浸透した。なお、二〇一一年からはジェイソンというバセット・ハウンドがウェブも含めた広告に登場、スター犬の仲間入りをしている。

ほかにも「ビクター」「ケンウッド」の商標犬「ニッパー」がいる。ニッパーは明治十七年（一八八四）生まれのジャック・ラッセル・テリアだ。蓄音機から流れる元の飼い主の声に、じっと聞き入る姿を描きとめたのは、亡兄からニッパーを引き取った画家だった。その絵は今でも「蓄音機を聴く白黒の犬」として、日本を含め世界的に有名な商標となっている。

テレビCMの影響はさらに大きく、お茶の間に毎日、犬を届けた。

阪神・淡路大震災や地下鉄サリン事件で世が騒然としていた平成七年（一九九五）、「午後の紅茶」というロングセラー飲料の新たなCMタレントとして、小泉今日子とウェルシュ・コーギー・ペンブロークが採用された。
コーギーは急激にブレイクした。同時期に、アメリカの絵本作家ターシャ・テューダーの写真集『ターシャ・テューダー手作りの世界　暖炉の火のそばで』が発売されたことも大きかった。ターシャの代表作は「コーギビル」村シリーズで、彼女自身、「メギー」というコーギーを飼っている。「コーギーコテージ」と呼んで丹精した庭の美しさと、そのライフスタイルがブームとなっていったのである。

二〇〇〇年以降のチワワブームを牽引したのも、アイフルのCM「くぅ〜ちゃん」だろう。現在、CMは動画を通じて世界的に拡散されている。二〇一五年にセブン銀行がカードローンCMに起用した「犬山柴男」キャスターも大評判になった。ニューススタジオにキャスターとしてスーツを着て座っていながら、柴男くんは寝転んだり遊んだり、脚をテーブルに上げたりしかしない。だが、彼は世界中で受けた。「こんなキャスターならニュースを聞いてもいい」などのコメントが、海外からも相次いだのである。

かつて、アメリカなどからもたらされる情報で、犬の認知度が高まっていった。今日では、日本から発信される情報もまた、犬の繁栄に一役かっている。

女子フィギュアスケートのアリーナ・ザギトワ選手（ロシア）が、平昌五輪で金メダルが獲れたら秋田犬が欲しいと発言し、それに応えてプレゼントされた秋田犬「マサル」が話題をさらったのも記憶に新しい。

犬と暮らし続けるために

現在、犬も猫も長命化している。二〇一七年、日本動物愛護協会は、長寿動物として表彰する対象年齢を犬猫ともに変更した。改定前の「一律十七歳以上」が、猫は十八歳以上になり、犬は大きさによって分けられた。一〇キロ未満の小型犬が十八歳、二〇キロまでの中型犬が十五歳、四〇キロまでの大型犬が十三歳、そしてそれ以上の超大型犬が十歳を超えたらと、短命と言われる大型犬の特質が反映されたのである。

動物愛護法も二〇一二年に再改定され、「終生飼養の義務」が明文化された。動物の取扱業についての規制もより厳しくなり、都道府県の動物保護センターでは悪質な業者や飼い主からの動物引き取りを拒否できるようになった。

二〇一一年の東日本大震災は、犬や猫の保護団体の存在をクローズアップしたという側面を持っている。被災地に取り残された動物たちに多くの人が思いをはせた。

犬猫の殺処分に対する抵抗も年々大きくなり、二〇一三年には神奈川県でついに殺処分ゼロが達成された。

しかし動物保護シェルターの過剰な負担が報じられるなど、綱吉時代からの問題は解決されないままである。

飼い主の闘病や急死によって、取り残されてしまうペットが増えている今、保護犬・保護猫ボランティア団体から犬猫を引き取るには、飼おうとする人の年齢や環境で制限があるのが普通である。つまり、ペットショップによる生体販売に反対して応募しても、条件によっては保護犬を引き取ることができない人がいるということになる。

二〇一八年は戌年であった。生涯でコーギーを三十頭以上飼ったという、エリザベス女王の最後の愛犬「ウィロー」が亡くなり、女王が二〇一五年に出していた「もう看取ってやれないので犬は飼わない」という宣言を踏まえ、たくさんの愛犬家がその死を悼んだ。

その一方で、犬や猫と暮らす生活が、シニアライフの健康を支えるという研究結果が少しずつ発表されている。きちんと世話をすることで生活にハリが生まれること、動物と触れ合うことが、循環器系の疾患を落ち着かせるのに役立っていることなどである。

どうしたら、犬や猫と共に、長く暮らし続けることができるのだろうか。

うまく行けば、いつの日か、もし自身に何かあったなら、愛犬を誰かに託す、そんなシステムが生まれるかもしれない。これほど犬の去勢・避妊手術が普及した現在でも、飼い主のいない犬の殺処分はなくならない。飼い主が責任感をもつことが当たり前になるのは基本条件として、その上で「いつかそのとき」には、飼い主同士が支え合えるという日が、近未来に来てくれないものだろうか。

新元号「令和」は『文選（もんぜん）』の影響を受けた『万葉集』より選ばれた。『文選』を強く推し、犬の法要も書き残した『枕草子』執筆から、およそ一千年。新しく歴史に刻まれる犬たちと、愛犬家たちが、笑顔であることを祈りたい。

おわりに　愛犬たちの墓碑銘

近年、犬が劣勢といわれる。猫に対してである。

わが国の犬猫飼育数は、あるデータによれば、一九九四年の調査開始以来、ずっと犬が多かったところ、二〇一七年に初めて猫が上回り、逆転した。その後も犬の微減、猫の微増という傾向が続いており、二〇一九年十月現在で、犬八七九万七〇〇〇頭に対して、猫九七七万八〇〇〇頭になっている（一般社団法人ペットフード協会『令和元年　全国犬猫飼育実態調査』）。

ただ、これだけの数字だと、少し犬に不利な統計である。このデータには多頭飼いの数字もある。二〇一九年の一世帯あたりで、犬一・二三頭に対して、猫一・七七頭になっている。これは猫が犬より小型で飼いやすいメリットが反映した数字である。一方、飼育世帯をみれば、犬が七一五万二〇〇〇世帯なのに対して、猫は五五二万四〇〇〇世帯と、犬を飼う世帯が猫のそれよりも一・三倍弱も多いことがわかる。あえて犬・猫両派の対立をあおる気はないが、一勝一敗であり、犬派の人たちも安堵するデータではないだろうか。

ところで、正直に告白すれば、私は猫派であり、犬を飼った経験がない。三年前、相方の吉門裕さんとともに『猫の日本史』という本を上梓したことさえある。犬に関しては素人の門外漢なのである。そんな人間が犬の本を書くのかという声もあるだろうから、本書では分相応に、出身地という地の利があって専門の研究分野でもある薩摩関係（戦国時代と西郷隆盛）の犬の話に限定して執筆させてもらった。

というのも、かねてから史料の渉猟や取材調査をするなかで、いくつか面白くて印象的な犬の情報を得ていたから、ある程度書けるだろうという見通しがあったからである。そのとき感じたのは、たとえ時代が異なっていても、また犬であろうと猫であろうと、人間のペットに対する愛情は変わらないことだった。

例えば、薩摩藩の江戸上屋敷（三田藩邸）の近くに島津家の位牌所である大円寺があった（港区三田）。東京都港区が発掘調査をしたところ、犬や猫の墓石が数基発見された。そのひとつに、寛永通宝が副葬されている犬の墓があった。三途の川の渡し賃だった。愛犬のあの世のことまで心配する飼い主もいたのだ。また天保六年（一八三五）九月二日が命日となっている犬の墓には、「離染脱毛狗之霊」と戒名らしきものが刻まれ、名（俗名？）を「染」といった。飼い主は「三田御屋鋪大奥御狆」とあることから、薩摩藩邸の大奥で島津家の女性たちが可愛がっていた狆だったことがわかる（図録『江戸動物図鑑』）。

同じ島津家でも、明治時代の鹿児島に眠っている犬たちもいる。鹿児島市内に福昌寺という島津家の壮大な菩提寺の由緒墓地がある。その一角にペットたちの墓がズラリと一列に並んでいる。そのなかでひときわ目を引いたのは「洋犬子ロ墓」と刻まれた墓石だった。これは「コロ」ではなく「ネロ」と読む。いかにも洋犬らしい名である。おそらく牡犬であり、島津家の子女の愛犬だったに違いない。

墓石の側面を見て驚いた。「明治十年七月七日死」と命日が刻んであった。鹿児島中が動乱の巷となった西南戦争中に亡くなっていたのだ。島津久光（前左大臣）を始めとする島津家は西郷軍と政府軍の間にあって中立を守り、一族あげて戦火の及ばない桜島に避難していた。ネロはおそらく桜島で亡くなったのではないかと推定される。

福昌寺由緒墓地の「ネロ」の墓（鹿児島市）

島津家に飼われていた犬でも、江戸は和風、明治は洋風といった時代の流れを感じさせるが、亡くなった愛犬を悼んで、人間のように墓を建ててあげるのは変わらない。これは古今東西、共通する人間の感情の一面であることを再認識させられた。

断るまでもないが、本書の多くは相方の吉門さんの仕事である。ペットの歴史や文化についての膨大な情報量と多彩な蘊蓄（うんちく）にはいつも驚嘆するばかりである。本書も吉門さんの奮闘がなければ出来上がらなかった。感謝するばかりである。

最後に本書の編集を担当してくれた濱下かな子さんにも御礼を述べたい。共著のため、その構成や分担が難しいなか、多くのアイデアを出してくれて何とか形にしていただいた。彼女の熱意と知恵なしにはきっと本書は生まれなかったに違いない。

二〇二〇年初夏、コロナ禍のなかにて

桐野作人識

参考文献

桐野作人　執筆部分（掲載・参考順）

『本藩人物誌』　島津薩摩守義虎譜　鹿児島県立図書館　一九七三年
『阿久根市誌』　阿久根市誌編さん委員会編　阿久根市　一九七四年
『東郷町郷土史』　東郷町郷土史編集委員会編　東郷町　一九六九年
『イエズス会日本通信』上　村上直次郎訳　雄松堂書店　一九六八年
岸野久『ザビエルと日本』吉川弘文館　一九九八年
『セーリス日本渡航記・ヴィルマン日本滞在記』　村川堅固・尾崎義訳／岩生成一校訂　雄松堂出版　一九七〇年
谷口研語『犬の日本史』　PHP新書　二〇〇〇年
『上井覚兼日記』中、天正十二年十月二十四日条　岩波書店　一九五五年
「大友興廃記」巻第十三『大分縣郷土史料集成』上　垣本言雄校訂　大分縣郷土史料集成刊行会　一九三八年
『鹿児島県史料 旧記雑録後編』二　鹿児島県
『甲陽軍鑑』上、品第六　磯貝正義ほか校注　人物往来社　一九六五年
槙島昭武『関八州古戦録』巻之第五　中丸和伯校注　新人物往来社　一九七六年

『明良洪範』巻十八　国書刊行会　一九一二年
『島津家文書之二』四一二　東京大学史料編纂所
『上井覚兼日記』上、天正十一年三月五日・八日条　岩波書店
『鹿児島県史料 旧記雑録後編』四　鹿児島県
『鹿児島県史料 旧記雑録後編』六　鹿児島県
『島津斉彬文書』上　吉川弘文館
小佐々学「明治九年銘 小篠源三の義犬墓」『日本獣医史学雑誌』四五　二〇〇八年
『西郷隆盛全集』三　西郷隆盛全集編集委員会編　大和書房　一九七八年
西村文則『大山元帥』　忠誠堂出版部　一九一七年
横山健堂『大西郷兄弟』　宮越太陽堂書房　一九四四年
『長谷場純孝先生伝』　富宿三善編　長谷場純孝先生顕彰会　一九六一年
『南洲翁逸話』　石神今太編　鹿児島県教育会　一九三七年
仁科邦男『西郷隆盛はなぜ犬を連れているのか』　草思社　二〇一七年
高村光雲『木彫七十年』　中央公論美術出版　一九六七年
家近良樹『西郷隆盛と幕末維新の政局』　ミネルヴァ書房　二〇一一年
『南洲先生新逸話集』　鹿児島新聞社編　鹿児島新聞社　一九三七年
『西郷隆盛全集』四　西郷隆盛全集編集委員会編　大和書房　一九七八年
図録『江戸動物図鑑』　港区港郷土資料館編・刊　二〇〇二年

吉門裕　執筆部分（掲載・参考順）

【史料　江戸期以前】
『蔭凉軒日録』竹内理三編　續史料大成二一―二五　臨川書店　一九七八年
『親長卿記』　増補史料大成刊行会編　増補史料大成四一―四三　臨川書店　一九六五年
『今昔物語集』　今野達ほか校注　新日本古典文学大系三三―三七・別巻四　岩波書店　一九九三―九九年
『宇治拾遺物語』　小林智昭校注・訳　日本古典文学全集二八　小学館　一九七三年
『イギリス商館長日記　譯文編之上　自元和元年五月至元和三年六月』　日本關係海外史料　東京大学史料編纂所編　東京大学　一九七九年
松浦静山『甲子夜話』全六巻　中村幸彦・中野三敏校訂　東洋文庫　平凡社　一九七七年―七八年
松浦静山『甲子夜話　続篇』全八巻　中村幸彦・中野三敏校訂　東洋文庫　平凡社　一九七九―八一年
松浦静山『甲子夜話　三篇』全六巻　中村幸彦・中野三敏校訂　東洋文庫　平凡社　一九八二年―八三年
「夜半楽」「其雪影」『天明俳諧集』　新日本古典文学大系七三　岩波書店　一九九八年
『日本書紀』上　坂本太郎ほか校注　日本古典文学大系六七　岩波書店　一九六七年
『大鏡』　橘健二校注・訳　日本古典文学全集二〇　小学館　一九七四年
根岸鎮衛『耳袋』一・二　鈴木棠三編注　東洋文庫　平凡社　一九七二年
長庚（兵藤庄右衛門）『遠江古蹟図会』（NDLデジタルコレクション）
「松平大和守日記」　日本庶民文化史料集成一二　芸能記録（一）　藝能史研究會編　三一書房　一九七七年
山東京傳「唯心鬼打豆」『山東京傳全集』三　ぺりかん社　二〇〇一年
簡野道明『字源』　角川書店　一九五五年

渡辺銀太郎『動物写真画帖』　新橋堂　一九一一年
大田南畝「俗耳鼓吹」　日本随筆大成第Ⅲ期四　吉川弘文館　一九九五年
進藤寿伯『近世風聞・耳の垢』　金指正三校注　青蛙選書四〇　青蛙房　一九七二年
清少納言『枕草子』　渡辺実校注　新日本古典文学大系二五　岩波書店　一九九一年
「宴遊日記」　日本庶民文化史料集成一三　芸能記録（二）　藝能史研究會編　三一書房　一九七七年
白水完児「暁鐘成著述『犬狗養畜傳』」『日本獣医史学雑誌』二五　一九八九年
四方赤良（大田南畝）「狂歌才蔵集」　中野三敏校注　新日本古典文学大系八四　岩波書店　一九九三年
深村淙庵「譚海」　日本庶民生活史料集成八「見聞記」　三一書房　一九六九年
「元宝荘子」『校訂　翁草』九　神沢貞幹編　五車楼書店　一九〇五―〇六年（NDLデジタルコレクション）
『蕪村集　一茶集』　暉峻康隆ほか校注　日本古典文学大系五八　岩波書店　一九五九年
菊池貴一郎『絵本江戸風俗往来』　鈴木棠三編　東洋文庫　平凡社　一九六五年
東武野史『三王外記』　甫喜山景雄　一八八〇年　（NDLデジタルコレクション）
『菊池文書』旧記　六　元禄初終十年　（富山大学学術情報リポジトリ）
「卯花園漫録」『新燕石十種』三　国書刊行会　一九一三年（NDLデジタルコレクション）
「建禮門院右京大夫集」『平安鎌倉私家集』　久松潜一ほか校注　日本古典文学大系八〇　岩波書店　一九六四年
ジーボルト『江戸参府紀行』東洋文庫　平凡社　一九六七年
曲亭馬琴「小狗略説」『南総里見八犬伝』四　濱田啓介校訂　新潮日本古典集成 別巻　二〇〇三年
ロバート・フォーチュン『幕末日本探訪記　江戸と北京』　三宅馨訳　講談社学術文庫　一九九七年

ローレンス・オリファント『エルギン卿遣日使節録』 岡田章雄訳 新異国叢書九 一九七八年
V・F・アルミニヨン『イタリア使節の幕末見聞記』 大久保昭男訳 講談社学術文庫 二〇〇〇年
『スポルディング日本遠征記／オズボーン日本への航海』 島田孝右・島田ゆり子訳 新異国叢書 第Ⅲ輯 四 雄松堂出版 二〇〇二年
『オイレンブルク日本遠征記』 中井晶夫訳 新異国叢書第Ⅰ輯十二・十三 雄松堂書店 一九六九年
アーサー・H・クロウ『日本内陸紀行』 岡田章雄・武田万里子訳 新異国叢書 第Ⅱ輯 一〇 雄松堂出版 一九八四年
香月薫平『長崎地名考』 安中書店 一八九三年（NDLデジタルコレクション）
バジル・ホール・チェンバレン『日本事物誌』一・二 高梨健吉訳 東洋文庫 一九六九年

【史料 明治以降】

内田魯庵「犬物語」『犬』 江藤淳編 日本の名随筆七六 作品社 一九八九年
ウィリアム・エリオット・グリフィス『明治日本体験記』 山下英一訳 東洋文庫 平凡社 一九八四年
メアリー・フレイザー『英国公使夫人の見た明治日本』 横山俊夫訳 淡交社 一九八八年
橋本貞秀（玉蘭斎）編・画『横浜開港見聞誌』一―六編 一八六二―六五年（NDLデジタルコレクション）
『今世開巻奇聞』 下山忠行編 修身舎 一八八七年
『皇室及皇族』第二版 坂本辰之助編 昭文堂 一九一〇年
『坤徳遺光』 桜橋協会編集部編 桜橋協会 一九一四年
徳富猪一郎『聖徳景仰』 民友社 一九三四年（NDLデジタルコレクション）

「明治大帝」『キング』三（一一）号附録　長谷川卓郎編　有恒社　一九二七年
「御寄贈の狆」『大阪朝日新聞』一九〇六年
岡田芳郎「三越呉服店『時好』1906年」連載「PR誌百花繚乱」第一〇回『アド・スタディーズ』六〇号　吉田秀雄記念事業財団　二〇一七年
『Toy Dogs and Their Ancestors : Including the History and Management of Toy Spaniels, Pekingese, Japanese and Pomeranians』Judith Anne Dorothea, Blunt-Lytton, Baroness Wentworth, D. Appleton and company 1911 (Internet Archive)
高村光雲「四頭の狆を製作したはなし」『幕末維新懐古談』岩波文庫　一九九五年
クーデンホーフ光子『クーデンホーフ光子の手記』シュミット村木眞寿美編訳　河出書房新社　一九九八年
獣醫SN生「名古屋狆の話」『中央獣医会雑誌』二五（五）一九一二年
「狆の光栄」『東京朝日新聞』一九一一年
節穴窺之助「早速整爾の犬友達」『当世名士縮尻り帳』一九一四年（NDLデジタルコレクション）
「落語家福寿は盗人」『京都日出新聞』一九一八年
山口玲子『女優貞奴』朝日文庫　一九九三年
三浦環『お蝶夫人』吉本明光編　右文社　一九四七年
『伊達宗徳公在京日記　慶長四辰七月廿二日より明治元辰十月十八日着城迄』近藤俊文・水野浩一編　宇和島・仙台伊達家戊辰戦争関連史料その二　創泉堂出版　二〇一八年
『入江相政日記』一　朝日新聞社編　入江為年監修　朝日新聞社　一九九〇年
「NSK座談會」「受難の轉向　多犬主義から一犬主義へ」「犬の映畫『フランダースの犬』來る」「愛犬電

車」「青島だより」「軍用犬訓練を満州國皇帝の御前に演じて」など『シェパード』日本シェパード犬倶楽部会報　一九三四年
川端康成「わが犬の記」『犬』江藤淳編　日本の名随筆七六　作品社　一九八九年
『Dogs of China & Japan, in nature and art』V. W. F. Collier　W. Heinemann 1921 (Internet Archive)
宇野千代「仔犬」『犬』江藤淳編　日本の名随筆七六　作品社　一九八九年
室生犀星「鉄の死」『犬』江藤淳編　日本の名随筆七六　作品社　一九八九年
井手久美子『徳川おてんば姫』東京キララ社　二〇一八年
松平豊子『春は昔　徳川宗家に生まれて』文藝春秋　二〇一〇年
「禮送艦長は親日家」『讀賣新聞』一九三九年
「シェパードがとりもつ元首相と映画女優」『週刊平凡』三（三）一九六一年
獅子文六「犬の名」『犬』江藤淳編　日本の名随筆七六　作品社　一九八九年
須田一郎「かつての人気犬種今昔」『愛犬の友』二〇〇九年一月号
江藤淳「仔犬のいる部屋」『犬』江藤淳編　日本の名随筆七六　作品社　一九八九年
『JKC創立20周年記念 全日本最高名犬大観　附・JKC20年史』全日本警備犬協会　一九六九年
エリザベス・ヴァイニング『皇太子の窓』小泉一郎訳　文藝春秋新社　一九五三年
坂口安吾「秋田犬訪問記」『坂口安吾全集』一一　筑摩書房　一九九八年
檀一雄「愛犬記」『犬』江藤淳編　日本の名随筆七六　作品社　一九八九年
池田宣政「故東久迩会長を悼みて」『狆　日本狆クラブ会報』一九　一九七〇年
雅風山人「有名犬舎探訪記」『狆　日本狆クラブ会報』四　一九六〇年

【論著ほか　江戸期以前】

谷口研語『犬の日本史　人間とともに歩んだ一万年の物語』吉川弘文館　二〇一二年
梶島孝雄『資料日本動物史』八坂書房　一九九七年
『いぬ・犬・イヌ　人間の最も忠実なる友・人間の最も古くからの友』渋谷区立松濤美術館　二〇一五年
内山淳一『動物奇想天外　江戸の動物百態』大江戸カルチャーブックス　青幻舎　二〇〇八年
北村一夫『江戸市井人物事典』新人物往来社　一九七四年
『広報いぬやま』一二五四　犬山市役所経営部企画広報課　二〇一七年
勝俣鎮夫「穴山氏の「犬の安堵」について　山の民の把握と役の体制」『中世社会の基層をさぐる』山川出版社　二〇一一年
『江戸風俗画集成　目でみる江戸時代』一・二　国書刊行会　一九八六年
『芸術資料』金井紫雲編　第三期第四冊（犬・狼）芸艸堂　一九三八年
茂原信生「日本犬に見られる時代的形態変化（動物考古学の基礎的研究）」『国立歴史民俗博物館研究報告』二九　一九九一年
『歴史散歩』六　久留米市教育委員会
山根洋子「芝明神町の大型犬」『資料館だより』六二　港区立港郷土資料館　二〇〇八年
長尾正和「『大和守日記』家康ひ孫大名の生活と人生　その一」『歴研よこはま』七七　横浜歴史研究会二〇一八年
『舶来鳥獣図誌　唐蘭船持渡鳥獣之図と外国産鳥之図』磯野直秀・内田康夫解説　博物図譜ライブラリー五　八坂書房　一九九二年
小佐々学「『義犬』の墓と動物愛護史」『日本獣医史学雑誌』五四　二〇一七年
小佐々学「国の史跡になった小佐々市右衛門前親と愛犬ハナ丸の墓」『日本獣医史学雑誌』四三　二〇〇

六年
赤堀由佳「江戸時代における狆飼育について」『常民文化』三〇　二〇〇七年
小野佐和子『六義園の庭暮らし　柳沢信鴻『宴遊日記』の世界』平凡社　二〇一七年
島田謙造「江戸期における犬病考」『日本獣医史学雑誌』一一　一九七七年
間庭秀信「元禄期における犬医者考」『日本獣医史学雑誌』一五　一九八一年
依田徹「江戸割烹八百善をとりまく歴史と文化について」味の素食の文化センター研究成果報告書　二〇一八年
小澤弘「館蔵「日吉山王社参詣図屏風」について」『東京都江戸東京博物館研究報告』一六　二〇一〇年
園江稔「狆の歴史」犬種別シリーズ『狆』愛犬の友社　一九八〇年
桐野作人編著『猫の日本史』歴史新書　洋泉社　二〇一七年
『江戸開府四〇〇年記念 徳川将軍家展』ＮＨＫプロモーション　二〇〇三年
「ちん犬を探せ！　菊池家文書より」『公文書館だより』五八　富山県公文書館　二〇一六年
仁科邦男『「生類憐みの令」の真実』草思社　二〇一九年
門脇朋裕「弘前藩における「生類憐み令」の一端　領内への伝達と処罰例を中心に」『弘前大学国史研究』一三四　二〇一三年
塚本明「近世伊勢神宮領における動物の穢れと生類憐れみ」『人文論叢』二四　三重大学　二〇〇七年
『しろうや！広島城』四〇　広島市文化財団　広島城　二〇一四年
根崎光男「生類憐み政策の成立に関する一考察　近世日本の動物保護思想との関連で」『人間環境論集』五　法政大学人間環境学会　二〇〇五年
根崎光男「吉宗政権の犬政策」『人間環境論集』一六　法政大学人間環境学会　二〇一六年

根崎光男『犬と鷹の江戸時代　〈犬公方〉綱吉と〈鷹将軍〉吉宗』　歴史文化ライブラリー四二三　吉川弘文館　二〇一六年
松尾信一「日蘭交流４００年と獣医・畜産関係資料について」『日本獣医史学雑誌』四〇　二〇〇三年
坂本勇「明治期前の狂犬病史考」『日本獣医史学雑誌』二一　一九八六年
三田村鳶魚「水天宮及び久留米侯頼徳」『三田村鳶魚全集』一　中央公論社　一九七六年
三田村鳶魚「大名行列の曳犬」『三田村鳶魚全集』四　中央公論社　一九七六年
上野益三『日本動物学史』　八坂書房　一九八七年
園江稔「ちぬの考解説」『狆 日本狆クラブ会報』二三　一九七〇年
Wolfgang Michel-Zaitsu "Nakatsu-hanshu Okudaira Masataka to seiyojin to no koryu ni tsuite"『中津市歴史民俗資料館村上医家史料館叢書』五　中津市歴史民俗資料館　二〇〇六年
岡田章雄「犬と日欧交渉史」『日本歴史』二六〇　吉川弘文館　一九七〇年
神里洋「日本における犬の飼養と飼養犬種の動向に関する歴史」『日本獣医史学雑誌』四〇　二〇〇三年
関口すみ子『大江戸の姫さま―ペットからお輿入れまで』角川書店　二〇〇五年
細川涼一「付論一　幕末の女性とペットとしての狆　会津戊辰戦争の照姫と『柳橋新誌』の柳橋の芸者」『日本中世の社会と寺社』　思文閣出版　二〇一三年
須見裕『徳川昭武　万博殿様一代記』　中公新書　一九八四年
『プリンス・トクガワ』　松戸市戸定歴史館　二〇一二年
安井裕雄『ルノワールの犬と猫　印象派の動物たち』　講談社　二〇一六年
『The Book of Dogs』S. M. Lampson David & Charles Limited. Newton Abbot 1963
『The International Encyclopedia of DOGS』Stanley Dangerfield/Elsworth Howell Pelham Books Limited

1971

【論著ほか　明治期以降】
唐仁原景昭「わが国における犬の狂犬病の流行と防疫の歴史」『日本獣医史学雑誌』三九　二〇〇二年
仁科邦男『犬たちの明治維新　ポチの誕生』草思社　二〇一四年
大岡敏昭『武士の絵日記　幕末の暮らしと住まいの風景』角川ソフィア文庫　二〇一四年
白井邦彦・三上博資「日本の歴史と現況と展望」『英・ポインター』犬種別シリーズ　誠文堂新光社　一九八〇年
白井邦彦「日本の歴史と現況と展望」『英・セッター』犬種別シリーズ　誠文堂新光社　一九八一年
梨本伊都子『三代の天皇と私』もんじゅ選書　講談社　一九八五年
日野西資博謹述『明治天皇の御日常　臨時帝室編修局ニ於ける談話速記』新学社教友館　一九七六年
米窪明美『明治天皇の一日　皇室システムの伝統と現在』新潮新書　二〇〇六年
坊城俊良『宮中五十年』講談社学術文庫　二〇一八年
『皇后四代の歴史　昭憲皇太后から美智子皇后まで』森暢平・河西秀哉編　吉川弘文館　二〇一八年
リチャード・J・スメサースト『高橋是清　日本のケインズ—その生涯と思想』鎮目雅人ほか訳　東洋経済新報社　二〇一〇年
Mimi Matthews『The dogs of Alexandra of Denmark : A tour of the Kennels at Sandringham』2016
秋山徳蔵「皇后の御愛狆」『昭和天皇の時代』文藝春秋編　一九八九年
小田部雄次『梨本宮伊都子妃の日記　皇族妃の見た明治・大正・昭和』小学館文庫　二〇〇八年
志村真幸『日本犬の誕生　純血と選別の日本近代史』勉誠出版　二〇一七年

『カメラが撮らえた幕末三〇〇藩 藩主とお姫様』ビジュアル選書　新人物往来社　二〇一二年
『日本の肖像　旧皇族・華族秘蔵アルバム』十（勲功・寺島家）　毎日新聞社　一九九〇年
『日本の肖像　旧皇族・華族秘蔵アルバム』八（佐賀・鍋島家）毎日新聞社　一九八九年
『日本の肖像　旧皇族・華族秘蔵アルバム』四（福井・松平家）　毎日新聞社　一九八九年
神立尚紀「特攻基地でも飼われていた…！最前線で戦う若者たちが愛した犬たち」Web『現代ビジネス』二〇一九年
宮本雅史「【戦後七〇年】特攻（一）少年兵五人「出撃二時間前」の静かな笑顔…「チロ、大きくなれ」それぞれが生への執着を絶った」『産経ニュース』二〇一五年
一ノ瀬俊也『特攻隊員の現実（リアル）』　講談社現代新書　二〇二〇年
『人間 吉田茂』　吉田茂記念事業財団編　中央公論社　一九九一年
ウィリアム・マンチェスター『ダグラス・マッカーサー』下巻　鈴木主税・高山圭訳　河出書房新社　一九八五年
黒川和雄『犬フィラリア症の歴史　難病の克服まで』　私家版　二〇〇四年
中村良一「南極観測隊樺太犬の追悼記　一」『日本獣医師会雑誌』三四（七）　一九八一年
『動物愛護法入門　人と動物の共生する社会の実現へ』　東京弁護士会公害・環境特別委員会編　民事法研究会　二〇一六年

【著者】
桐野作人（きりの さくじん）
1954年、鹿児島県生まれ。歴史作家。武蔵野大学政治経済研究所客員研究員。著書に『明智光秀と斎藤利三』（宝島社新書）、『薩摩の密偵 桐野利秋 「人斬り半次郎」の真実』（NHK 出版新書）などがある。

吉門裕（よしかど ゆたか）
歴史ライター。著書に『猫の日本史』（桐野作人と共著、洋泉社歴史新書）がある。猫に加えて犬も長く飼っていた。中型犬でありながら室内飼いで、猫のように顔を洗ったため、あだなは「大犬猫（ワンダ）」。

平凡社新書950

愛犬の日本史
柴犬はいつ狆（ちん）と呼ばれなくなったか

発行日――2020年7月15日　初版第1刷

著者――桐野作人、吉門裕
発行者――下中美都
発行所――株式会社平凡社
東京都千代田区神田神保町3-29　〒101-0051
電話　東京（03）3230-6580［編集］
　　　東京（03）3230-6573［営業］
振替　00180-0-29639
印刷・製本―株式会社東京印書館
装幀――菊地信義

ISBN978-4-582-85950-8
NDC 分類番号645.6　新書判（17.2cm）　総ページ304
平凡社ホームページ　https://www.heibonsha.co.jp/